知识就在得到

我能做
建筑师吗

邵韦平
刘晓光
青山周平
口述

廖偲熙——编著

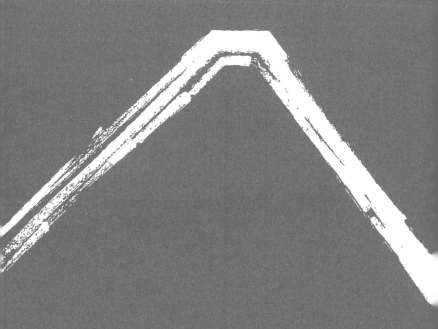

新 星 出 版 社 NEW STAR PRESS

总序

怎样选择一个适合自己的职业？这个问题困扰着一代又一代中国人——一个成长在今天的年轻人，站在职业选择的关口，他内心的迷茫并不比二十年前的年轻人少。

虽然各类信息垂手可得，但绝大部分人所能获取的靠谱参考，所能求助的有效人脉，所能想象的未来图景……都不足以支撑他们做出一个高质量的职业决策。很多人稀里糊涂选择了未来要从事大半辈子的职业，即使后来发现"不匹配""不来电"，也浑浑噩噩许多年，蹉跎了大好年华。

我们策划这套"前途丛书"，就是希望能为解决这一问题做出一点努力，为当代年轻人的职业选择、职业规划提供一些指引。

如果你是一名大学生，一名职场新人，一名初、高中生家长，或者是想换条赛道的职场人，那么这套书就是专门为你而写的。

在策划这套书时，我们心中想的，是你正在面临的各种挑战，比如：

你是一名大学生：

· 你花了十几年甚至更久的时间成为一名好学生，毕业的前一年突然被告知：去找你的第一份工作吧——可怕的是，这件事从来没人教过你。你孤身一人站在有无数分岔路的路口，不知所措……

· 你询问身边人的建议，他们说，事业单位最稳定，没编制的工作别考虑；他们说，计算机行业最火热，赚钱多；他们说，当老师好，工作体面、有寒暑假；他们说，我们也不懂，你自己看着办……

· 你有一个感兴趣的职业，但对它的想象全部来自看过的影视剧，以及别人的只言片语。你看过这个职业的高光时刻，但你不确定，在层层滤镜之下，这个职业的真实面貌是什么，高光背后的代价又有哪些……

你是一名职场新人：

· 你选了一个自己喜欢的职业，但父母不理解，甚至不同意你的选择，你没把握说服他们……

· 入职第一天，你眼前的一切都是新的，陌生的公司、陌生的同事、陌生的工位，你既兴奋又紧张，一边想赶紧上手做点什么，一边又生怕自己出错。你有一肚子的问题，不知道问谁……

你是一名学生家长：

· 你只关注孩子的学业成绩，仿佛上个好大学就是终身归宿，但是关乎他终身成就的职业，你却很少考虑……

· 孩子突然对你说，"我将来想当一名心理咨询师"，你一时慌了神，此前对这个职业毫无了解，不知道该怎么办……

· 你深知职业选择是孩子一辈子的大事，很想帮帮他，但无奈自己视野有限、能力有限，不知从何处入手……

你是一名想换赛道的职场人：

· 你对现在的职业不太满意，可不知道该换到哪条赛道，也不清楚哪些职业有更多机会……

· 你年岁渐长，眼看着奔三奔四，身边的同学、朋友一个个事业有成，你担心如果现在换赛道，是不是一切要从头再来……

· 你下定决心要转行，但不确定自己究竟适不适合那个职业，现有的能力、资源、人脉能不能顺利迁移，每天都焦灼不已……

我们知道，你所有关于职业问题的焦虑，其实都来自一件事：**不知道做出选择以后，会发生什么。**

为了解决这个问题，"前途丛书"想到了一套具体而系统的解决方案：一本书聚焦一个职业，邀请这个职业的顶尖高手，从入门到进阶，从新手到高手，手把手带你把主要的职业逐个预演一遍。

通过这种"预演"，你会看到各个职业的高光时刻以及真实面貌，判断自己对哪个职业真正感兴趣、有热情；你会看到各个职业不为人知的辛苦，先评估自己的"承受指数"，再确定要不要选；你会了解哪些职业更容易被 AI 替代，哪些职业则几乎不存在这样的可能；你会掌握来自一线的专业信息，方便拿一本书说服自己的父母，或者劝自己的孩子好好考虑；你会收到来自高手的真诚建议，有他们指路，你就知道该朝哪些方向努力。

总之，读完这套"前途丛书"，你对职业选择、职业规划的不安全感、不确定感会大大降低。

"前途丛书"的书名，《我能做律师吗》《我能做心理咨询师吗》……其实是你心里的一个个疑问。等你读完这套书，我们希望你能找到自己的答案。

除了有职业选择、职业规划需求的人，如果你对各个职业充满好奇，这套书也非常适合你。

通过这套书，你可以更了解身边的人，如果你的客户来自各行各业，这套书可以帮助你快速进入他们的话语体系，让客户觉得你既懂行又用心。如果你想寻求更多创新、跨界的机会，这套书也将为你提供参考。比如你专注于人工智能领域，了解了医生这个职业，就更有可能在医学人工智能领域做出成绩。

你可能会问：把各个职业预演一遍，需不需要花很长时间？

答案是：不需要。

就像到北京旅游，你可以花几周时间游玩，也可以只花一天时间，走遍所有核心景点——只要你找到一条又快又好的精品路线即可。

"前途丛书"为你提供的，就是类似这样的精品路线——**只需三小时，预演一个职业。**

对每个职业的介绍，我们基本都分成了六章。

第一章：行业地图。带你俯瞰这个职业有什么特点，从业人员有什么特质，薪酬待遇怎么样，潜在风险有哪些，职业前景如何，等等。

第二至四章：新手上路、进阶通道、高手修养。 带你预演完整的职业进阶之路。在一个职业里，每往上走一段，你的境界会不同，遇到的挑战也不同。

第五章：行业大神。 带你领略行业顶端的风景，看看这个职业干得最好的那些人是什么样的。

第六章：行业清单。 带你了解这个职业的前世今生、圈内术语和黑话、头部机构，以及推荐资料。

这条精品路线有什么特色呢？

首先，高手坐镇。这套书的内容来自各行各业的高手。他们不仅是过来人，而且是过来人里的顶尖选手。通常来说，我们要在自己身边找齐这样的人是很难的。得到图书依托得到 App 平台和背后几千万的用户，发挥善于连接的优势，找到了他们，让他们直接来带你预演。我们预想的效果是，走完这条路线，你就能获得向这个行业的顶尖高手请教一个下午可能达成的认知水平。

其次，一线智慧。在编辑方式上，我们不是找行业高手约稿，然后等上几年再来出书，而是编辑部约采访，行业高手提供认知，由我们的同事自己来写作。原因很简单：过去，写一个行业的书，它的水平是被这个行业里愿意写书的人的水平约束着的。你懂的，真正的行业高手，未必有时间、有能力、有意愿写作。既然如此，我们把写作的活儿包下来，而行业高手只需要负责坦诚交流就可以了。我们运用得到公司这些年形成的知识萃取手艺，通过采访，把各位高手摸爬滚打多年积累的一线经验、智慧、心法都挖掘出来，原原本本写进了这套书里。

最后，导游相伴。在预演路上，除了行业高手引领外，我们还派了一名导游来陪伴你。在书中，你会看到很多篇短小精悍的文章，文章之间穿插着*彩色字*，是编著者，也就是你的导游，专门加入的文字——在你觉得疑惑的地方为你指路，在你略感疲惫的地方提醒你休息，在你可能错失重点的地方提示你注意……总之，我们会和行业高手一起陪着你，完成这一场场职业预演。

我们常常说，选择比努力还要重要。尤其在择业这件事情上，一个选择，将直接影响你或你的孩子成年后 20% ～ 60% 时间里的生命质量。

这样的关键决策，是不是值得你更认真地对待、更审慎地评估？如果你的答案是肯定的，那就来读这套"前途丛书"吧。

丛书总策划　白丽丽

2023 年 2 月 10 日于北京

00
序　言

01
行业地图

02
新手上路

入行准备

03
进阶通道

04
高手修养

05
行业大神

06
行业清单

序言

你好，欢迎来到建筑师的世界！当你走在林立的高楼大厦中间，感受到城市的繁华；当你外出旅行，感受到某些建筑设计的精妙之处；当你在日常生活中，感受到某栋房子的体验格外人性化，你是否想过，这背后都是建筑师的功劳？建筑师会根据业主的需求设计出概念设计方案，之后又要围绕概念设计方案，在各个环节统筹结构工程师、土木工程师、施工方等专业人士，把建筑建造出来。

可以说，我们生活的这个世界，房子建得美不美、好不好用，花费多少钱和资源可以建成，很大程度上取决于建筑师的设计。所以，建筑师是一个真正能影响物理世界会变成什么样的职业。

这也意味着，如果你希望自己或者自己的孩子未来从事一门对世界有着巨大影响的职业，那么，建筑师是一个非常不错的选择。而这本书，就可以让你从宏观的视角提前看到建筑师职业道路的全貌，让你对建筑师的价值、门槛、收入、挑战等有清晰的了解。当然，如果你已经在大学的建筑学专业就读，或者已经成为一名初出茅庐的新手建筑师，但对职业的理解还不深，不知道接下来的路该怎么走，那么，你可以通过这本书吸取前辈的经验，让自己在未来发展得更好。

看到这里，你可能会有一个疑问：这本书会如何解决我的好奇和疑惑呢？

首先，这本书会带你充分了解建筑师是一个什么样的职业。

过去，你对建筑师的印象可能比较笼统，觉得这是一个精英职业，很多建筑师都有点像艺术家。但这本书会告诉你，建筑师其实是一个成长周期长，但成就感巨大的职业。行业里大部分建筑师的成熟期都在 40 岁甚至 45 岁以后，可以说是越老越值钱。但别因此就觉得这个职业的反馈来得特别慢，其实建筑师的反馈来得特别快，而且特别持久。

当看到自己在图纸上做的设计变成现实世界中的一个房间、一栋建筑，建筑师会感受到强烈的成就感；如果设计出一个成功的作品，给建筑所在地甚至整个城市、整个国家带来正面影响，成就感就更强了。比如，西班牙的毕尔巴鄂原本是一个毫无生机的老工业化城市，但因为弗兰克·盖里[1]设计

---

1. 加拿大建筑师，被誉为解构主义建筑之父，第 11 届普利兹克建筑奖获得者。代表作品有西班牙毕尔巴鄂古根海姆美术馆和捷克跳舞的房子等。

的古根汉姆博物馆，这里一夜之间变成了热门旅游城市，每年前来参观的游客超过百万人，间接创造了上万个就业机会。更别提建筑是以几十年、上百年，乃至上千年为单位存在的。世事变迁，当世间万物大多作古成灰之时，建筑师设计的建筑可能仍然伫立在那里，甚至仍然有很多人知道这是谁设计的。试想一下，这样的成就感该有多强烈？

过去，你可能认为建筑师的工作就是做设计，但这本书会告诉你，建筑师不止是在做设计，更是在为我们对美好生活的追求提供一个解决方案。比如，在面积有限的情况下，如何在办公楼设置更多公共区域，让上班族有一个良好的工作体验？大城市房价高企，买房对年轻人来说愈发困难，那么如何设计公租房，以满足年轻人对住房的需求以及对生活方式的追求？随着城市化进程不断推进，原来有如亲友的邻里关系逐渐消失，人与人之间日益冷漠，那么建筑师如何通过设计改善邻里关系，让城市生活变得更加有温度？……你可以看到，建筑师都在用自己的方式为我们打造更好的生活方式。

过去，你可能认为建筑师很自我，甚至可能听说过知名建筑师马岩松的一句话——当被问到给年轻建筑师的建议时，他说，"我会说，让他成为自己，让他勇敢点，把最自己的东西发挥出来就对了"。但这本书会告诉你，作为建筑师，只有自我是远远不够的。

从本质上说，建筑师是一个拿委托人的钱，为委托人构建有意义的人工环境的职业——建房子的钱不是自己的，项目建成后，建筑的最终使用者也不是自己。换句话说，建筑师要用别人的钱来实现自己的想法。而这决定了建筑师不仅要有自我，有创造和设计能力，还要有和社会各界打交道的能力，也就是要有很高的情商。要知道，贝聿铭[1]就曾经凭借高超的情商，在众多大师级的竞争对手手中赢得项目。

那时，贝聿铭还是个籍籍无名的新人，而他要争取肯尼迪图书馆项目。与他同台竞争的有被称为四大现代建筑师之一的路德维希·密斯·凡·德·罗[2]，以及当时声名显赫的路易斯·康[3]。当肯尼迪的遗孀杰奎琳前来考察时，这两人一位在杰奎琳面前抽雪茄，一位穿着不修边幅，这都让杰奎琳非常不满。而贝聿铭是怎么做的？他在杰奎琳来考察前把工作室重新粉刷了一遍，并在室内摆满了鲜花。这让杰奎琳非常满意，也成为贝聿铭拿下这个项目的一个重要原因。也正是这个项目，让贝聿铭在1979年获得美国建筑师学会金奖，开始正式步入建筑大师行列。

---

1. 美籍华裔建筑师，第5届普利兹克建筑奖获得者，代表作品有卢浮宫玻璃金字塔、香港中国银行大厦和苏州博物馆等。

2. 德国建筑师，四大现代建筑师之一，代表作品有巴塞罗那博览会德国馆、纽约西格拉姆大厦、柏林新国家美术馆等。

3. 美国建筑师，代表作品有耶鲁大学美术馆、索克大学研究所、埃克塞特图书馆等。

其次，这本书可以带你了解成为建筑师能收获什么，需要付出多少，以及有哪些坑需要避免。

为了实现这个目标，我们在前期调研了大量建筑学专业的学生和建筑师，了解了建筑师在从业生涯中面临的真实处境。之后，我们又邀请了三位不同类型、不同背景的优秀建筑师，请他们作为领路人带你了解建筑师这个职业。

第一位是邵韦平老师。他是北京市建筑设计研究院的首席总建筑师，参与并主持了几十个大中型建筑项目的设计工作，其中北京凤凰中心等多个项目不仅设计达到了世界领先水平，也在技术难度上完成了世界级的挑战。除此之外，他还曾与扎哈·哈迪德[1]、诺曼·福斯特[2]等多位国际大师开展过合作。他拥有丰富的设计、统筹、调动资源的经验，对行业有深刻的认识，并且对建筑师从设计到落地过程中的种种痛点有着独到的应对心法。

第二位是刘晓光老师。他是全球性建筑设计公司CallisonRTKL的董事，不仅设计了多座知名建筑，有丰富的设计经验和管理经验，还拥有广阔的国际视野，对行业未来

---

1. 伊拉克裔英国女建筑师，2004 年普利兹克奖建筑得主，代表作有广州大剧院、银河 SOHO 等。

2. 英国当代知名建筑师，第 21 届普利兹克建筑奖获得者，被誉为"高技派"代表人物。代表作品有德国国会大厦、香港汇丰银行总部大楼和北京首都国际机场T3 航站楼。

的发展趋势有着清晰的判断。当行业趋势发生变化时，要如何应对？当设计和管理工作中出现种种矛盾时，要如何权衡？对于这些问题，他都提供了非常切实的答案。

第三位是青山周平老师。他主导设计了南锣鼓巷大杂院住宅改造、苏州有熊文旅公寓等项目的设计，是国内非常知名的建筑师。但鲜为人知的是，他有一段能给年轻建筑师带来启迪的职业生涯。2005年毕业后，他来到北京实习，在履历尚浅，且对环境和语言都不熟悉的情况下，他敏锐地看到年轻建筑师在中国的机会，选择了留在北京，并于2014年成立自己的建筑设计事务所，发展出了自己理想的事业。在这个变化与机遇共存的时代，他对于年轻建筑师如何认识职业、如何做设计、如何选择适合自己的环境都有非常深刻的见解。

在这本书中，这三位建筑师将为你道出建筑师这个职业的精髓，而你从中可以了解，成为建筑师需要具备哪些能力，收入有多少，未来行业发展如何，机会在哪里；也可以了解，从新手建筑师到高手建筑师，每个阶段的"拦路虎"分别是什么，辛酸之处有什么，这个职业的天花板有多高，想达到天花板又要付出多大的代价。

现在，请你开始正式阅读这本书吧，它将通过职业预演的方式，让你获悉建筑师每个阶段的共性问题和解决方案，收获建筑师职业发展的经验和智慧。

廖偌熙

CHAPTER I

第一章
行业地图

欢迎你来到本书的第一章——"行业地图"。

这一章的核心目的,是让你对建筑师这个职业形成整体性认识。不过,不管是什么职业,都非常庞大,其中的信息非常多元,为了让你在短时间内达到目的,我们特意为你设计了一条包括四个站点的路线:

站点一,建筑师到底是一个什么样的职业?

建筑师是设计房子的人,还是画图工?建筑师是运用砖瓦水泥构建想象世界的艺术家,还是普普通通的打工人?人们从事这个职业的内驱力是什么?

站点二,建筑师这个职业对人有什么要求?

成为建筑师必须要有天赋吗?能转行从事这个职业吗?怎样才能判断自己适不适合当建筑师?如果你对这些问题感到好奇,这部分内容里就有答案。

站点三,建筑师的生存环境是什么样的?

建筑师的收入高吗?职业回报快吗?如果想知道从现实角度来看,建筑师具体过得怎么样,你可以看看这部分内容。

站点四，建筑师未来的职业发展会怎样？

过去建筑师属于高收入人群，未来还会如此吗？未来社会还需要那么多建筑师吗？如果干不下去了，建筑师可以转行做什么？这部分内容能让你对建筑师这一职业的未来发展情况形成合理的预期。

相信你也看出来了，"行业地图"勾勒的是建筑师的社会价值、从业要求、收入情况等重要信息，而根据这些信息，你能对建筑师这一职业形成具体认识，对建筑师这个职业是否值得从事做出自己的判断。

话不多说，我们现在就出发吧。

为什么社会需要建筑师

·邵韦平

当建筑师那么多年，我经常被问到一个问题：世界上那么多房子都是普通老百姓和工匠自己设计建造的，为什么还需要建筑师这样一个职业呢？建筑是人类最早出现的文明。在原始社会，人们直接住在洞穴里。有了工具以后，人们开始使用树枝、石头等搭建可以遮风避雨的居所。伴随着文明的发展，早期的建筑师职业开始出现，他们承接业主的需求建造房子。但那时候，建筑师更像一个全能的工匠，既懂美学，也懂材料、技术和建造的工法等。

随着社会生产力不断提升，建筑师职业的分工越来越细，原本建筑师的工作被细分成若干部分，包括建筑设计、工程设计、建造管理等。现代意义上的建筑师就是建筑设计的负责人，他们根据业主方的委托，决定建筑的形式、功能、美学等。之后，专业工程师、经济师和建造施工方会围绕建筑师的设计展开工作。

建筑师设计房子与普通人建造房子的一个不同之处在于，**建筑师可以通过形式、颜色、材料、建筑构件，甚至光影来创造建筑的空间美**。比如安藤忠雄[1]设计的光之教堂（见彩插图 1），就是通过光影的使用，让人在建筑中体会到神圣与宁静的感觉。再比如很多度假酒店，客人到来时会先通过一条幽静的道路，接着走入一个封闭的大厅，最后在毫无思想准备的情况下，突然通过厅门看到对面的大海，达到一种先抑后扬的效果。这也是建筑师通过设计技巧营造出来的。

不过，对建筑师的理解，仅仅停留在这个层面是远远不够的，因为建筑师可以说是在用设计为人类的全生命周期服务。建筑师所做的项目类型涵盖各种各样的物理空间，包括医院、学校、住宅楼、商场、办公楼、纪念性建筑等民用建筑，厂房、实验室、变电所等工业建筑，以及各种城市街区、广场、地下空间，等等。目前，随着太空探索活动越来越频繁，还有建筑师开始参与研究人类未来移居到其他星球后，最适合居住的房子是什么样的，怎样营造是可行的。

不管什么项目，建筑师都在用自己的技能和创意来塑造更好、更有尊严的生活。比如，设计医院时，除了满足看诊、

---

1. 日本建筑师，第 17 届普利兹克建筑奖获得者。他从未接受过正规科班教育，但开创了一套独特的建筑风格。代表作品有住吉的长屋、越野的房子、水之教堂和光之教堂等。

住院、防疫等功能性需求,建筑师还会充分考虑如何提高患者和医护人员的舒适度,让医患双方都能在医院感受到生活的愉悦和美。比如,日本的空之森诊疗所就特意采用了木制建筑主体结构,并在医院设立庭院,让身处其中的人产生一种惬意的度假感。再比如,中国第一代建筑师吕彦直设计的广州中山纪念堂,直到今天,人们走进去依然能感受到生命无言的尊严和震撼力。

以上工作内容也给建筑师带来了不一样的职业特点——建筑师虽然是受雇于业主设计房子,但他们和一般的商业服务者不一样,不仅要对委托的业主负责,还要对最终使用者和公众负责。比如,政府要盖一所学校,有关部门申请预算后请建筑师做设计,但最终使用该学校的不是政府部门的人,而是学生和老师。所以,建筑师接受这个项目,除了要对政府部门负责,还要对日后使用这所学校的学生和老师负责。此外,公共建筑一旦建成,之后几十年、上百年都会停留在城市的公共视野中,所以建筑师还要考虑这个建筑对它所在的城市、区域以及周围人的影响。

那么,具体如何负责呢?

对业主负责,最直接的就是要对他的投资负责。但这不是要替业主省钱,而是要用业主的钱创造出价值,让它变成有价值的投资。比如,在设计凤凰中心时,我们通过增加业主任务书里没有的公共体验空间，让业主在获得高品质总部功能的同时，还可以承接许多文化时尚活动，为业主带来了额外的收入和影响力。

对最终使用者负责，比较典型的例子是对住宅的居民负责。在房子设计和建造的过程中，买房并住在里面的人是虚拟的，他没有机会表达意愿；而有的业主只偏重于商业收益，或者对使用者的需求不那么关注。这时，建筑师就要站出来为使用者说话。比如，有的房地产开发商倾向于把小区的房子建得很密，没有留下建设公共活动与服务设施的空间，那么建筑师就有责任提醒开发商规划这些空间，给使用者创造更好的生活环境。

当然，不仅是使用者的感受可能会被业主忽视，公共利益也很容易被忽视，因为开发商更关注如何使投资利益最大化；使用者也可能对此没那么敏感，他们更关注建筑内部的使用效果。但建筑师不一样，他需要站在公众的角度思考，对公众利益负责。比如，有的住宅建筑边界过长，沿街没有公共服务设施，造成城市界面封闭单调，这时建筑师就需要建议业主在朝向街道的一面设置咖啡厅、便利店、银行等公共空间，让路过的市民有稍做停留的条件。

建筑大师诺曼·福斯特说过一句话：**建筑是一门关于生活质量的艺术**。建筑师就是一个为人类创造高质量生活环境的职业。**我觉得这是对我们职业概括得最好的一句话，也是从业者和未来想从事这个职业的人必须明白的职责所在。**

从社会层面了解完建筑师的职业价值后，你脑海中是不是已经开始浮现出许多建筑的轮廓了？其实，每位建筑师心中都有一个用建筑改变世界的梦想。从很多经典建筑作品中，你可以看到建筑师对人类理想生活的探索和想象。比如，弗兰克·赖特[1]设计的流水别墅（见彩插图2），就是通过建筑室内外空间和大自然相互交融的设计，表达了人栖息于自然、与自然和谐共生的理想生活状态。

不过，建筑师的探索并不纯粹是理想化的。更多时候，他们是希望通过建筑来改变现实。2016年普利兹克建筑奖获得者、智利建筑师亚历杭德罗·阿拉维纳，就曾经通过自己的设计，在预算极其有限的情况下，让100户贫民家庭在市中心附近拥有了属于自己的独栋房屋[2]，不必被迫搬到远郊地区。因为预算有限，阿拉维纳特意只设计完成了独栋房子中的一半，另一半只有水泥结构，他希望这样可以启发人们通过自己的双手去建造完成另一半房屋。结果，这些家庭不仅通过自己的努力修建完成了另一半房屋，还把原本是政府救

---

1. 美国建筑师，四大现代建筑师之一，代表作有流水别墅、罗比住宅等。

2. 邓武迪：《面孔 | 亚历杭德罗·阿拉维纳 建筑不仅是文化，还是社会行为》，http://nfpeople.infzm.com/article/5164，2022年12月1日访问。

助对象的社区变成了有着良好氛围的居住小区。

这只是建筑师解决现实问题的其中一种方式。其实，我们眼前的一栋栋商业大楼、住宅楼，以及一个个博物馆、美术馆等，背后都是无数位建筑师在回应城市化的发展需求，力求用这些建筑让生活在这里的人有家、有业、有丰富的精神体验。所以，建筑师伦佐·皮亚诺[1]说："有一件事是值得肯定的，这个职业是关于如何创造一个更好的世界。"那么，在创造更好世界的理想和愿望之下，从业者更具体的驱动力是什么呢？现在，我们把视角缩小，聚焦到一个个具体的从业者身上，来看看这个问题的答案。

---

1. 意大利著名建筑师，第 20 届普利兹克建筑奖得主，代表作有蓬皮杜艺术中心、纽约时报大厦等。

为什么建筑师职业值得从事

·邵韦平

对一个人来说,不管选择什么职业,大多是因为它对自己有其他职业难以比拟的吸引力。比如,有的职业是有较高的回报,有的职业则是工作稳定。那么,建筑师呢?和很多人一样,我最初选择当建筑师,也是出于对这个职业朴素的喜欢。到现在,我在这行已经工作几十年了,依然觉得建筑师有其他职业难以比拟的魅力,因为建筑师的工作可以与个人兴趣高度融合,同时其成果可以被充分展现,并持续地服务于社会。

大部分职业的工作成果,都需要有一个特定的环境来展示。比如,好的电影虽然会流传很久,但需要在特定的播放环境去观看;没有人观看的时候,它就会被封存在资料库中。再比如,好的文学作品可以流传上千年,但它也需要停留在特定的文本载体上,人们只有想看的时候才会打开它;不看时,它只能停留在书架上。但建筑是物质性的存在,一旦建成,它就会持久地伫立在公众视野中,任何时间、任何路过的人，不管是专业人士还是非专业人士，都会持续感受到它的影响。

而且，建筑的生命周期常常超越人的寿命，所以经典的建筑被称为石头的史书，记录着人类文明进步的足迹。比如，最古老的埃及建筑已经有6000多年的历史了，至今仍然屹立在那里。如果一个建筑作品足够优秀，它就有可能成为一座城市甚至一个国家的标志，跨越时代，持续地为社会服务。受欢迎的建筑给从业者带来的成就感，是从事其他职业的人难以想象的。

反馈到建筑师身上，最直接也最真实的感受是，如果参与或者主导设计了一个好的建筑作品，而这个作品又经过业界和公众的双重检验获得了认可，你就能持续不断地获得良性反馈。这样持续且无法被忽略的良性反馈，能让你从这份工作中获得源源不断的动力。

对于这一点，我深有感触。2000年，北京院和诺曼·福斯特共同设计了北京首都国际机场T3航站楼。虽然核心设计是由福斯特团队完成的，但作为中方团队，我们也发挥了很大的作用。从T3航站楼建成投入使用到现在，已经有十几年了。其间，政府和公共媒体多有认可，而且直到今天，仍然不断有认识或不认识的人直接或间接地向我表达对这个项目的赞许。它们也鞭策我不断设计出更好的建筑。2008年，我领导的团队原创设计了凤凰中心。直到今天，依然不断有人或者媒体向我传达积极评价，说它给使用者带来了一种愉悦的感受。

到现在，我已经从业几十年了。虽然设计过程中也存在很多困难和压力，但我的工作状态一直没有受到影响，并且还能通过设计不断获得新的乐趣。

其实，在建筑设计这个行业，像邵韦平老师这样有能力主导首都国际机场 T3 航站楼、凤凰中心这种级别项目的建筑师是极少数。他所说的感受，是很多建筑师在从业多年，并且有机会主导好的项目后才能逐渐体会到的。

而支撑普通建筑师坚持下去的主要是以下几点：

第一，建筑师是一个越老越吃香的职业[1]。很多从事其他职业的人可能会产生年龄焦虑，担心自己 35 岁后会被淘汰，但建筑师很少有这样的担心。他们知道，今天我认真工作一天，就会多积累一分经验，在行业里的资历和对建筑师这份工作的理解会相应地增加，受到的尊重和获得的收入也会增加。在这个容易焦虑的时代，这种通过日复一日的耕耘得来的成长感，以及能力长在自己身上的踏实感，是尤为可贵的。

---

1. 具体可参考"建筑师的成长周期是什么样的"一节。

第二，创造感。自己在图纸上画的房子最后变成了真实的房子，自己设计的一个奇特的造型最后真的出现在地球上，每个路过的人都会看到，这种亲眼看到自己的创造转化为物理现实的快乐，是每位建筑师能收获的最直接也最纯粹的快乐。业内有个笑话，说不管年龄多大的建筑师，都很喜欢看"挖坑"。其实，这是因为挖坑——项目开始动工挖地基——就意味着建筑师的设计开始一点点落实成为现实了。

第三，能给他人生活带来影响。想到自己设计的住宅楼、办公楼或者美术馆每天要被那么多人使用，甚至有可能被几代人使用，在其中发生各种各样的故事，建筑师就会油然而生一种职业幸福感。

现在，你了解了建筑师到底是一个什么样的职业。接下来，我们来到第二个站点，看看到底如何才能成为一名建筑师。

如何才能成为一名建筑师

· 邵韦平

从法规层面来说，做建筑师没有明确的门槛。无论是不是建筑学专业毕业，有没有通过注册建筑师考试，你都可以做建筑师。所以，哪怕你之前从事的是其他职业，也可以转行做建筑师。比如，安藤忠雄就是从拳击运动员转行做建筑师的。

当然，安藤忠雄只是转行做建筑师极少数成功的例子之一。从行业现状来看，大部分从业者都是系统地接受了建筑学教育后才入行成为建筑师的。虽然有些转行学建筑的人后续也慢慢成了优秀的建筑师，但在最初的成长上，他们的确要比有专业背景的人付出更多努力。这主要是因为，建筑师这个行业对从业者的素养和知识面有非常独特的要求。

首先，如果想当建筑师，你要有一定的美学基础，要对艺术感兴趣。这不是说你要像艺术家一样有很高的天赋，而是说你要学会欣赏和了解艺术，愿意通过后天的努力来不断提升相关的专业技能，也善于把你在艺术中感受到的经验运用到建筑设计中。当然，建筑设计既需要理性的逻辑思辨能力，也需要感性的创造性思维，你要为使用者构想各种生活场景，用建筑语言创造高质量的生活空间。

如果你对艺术比较排斥，对感性的创造性思维不敏感，那你大概率不适合做建筑师。我在这个行业遇见过这样的同学，他们考试分数很高，不管是数学计算还是逻辑思辨能力，都非常棒，但在做设计时却觉得很吃力。这种类型的人就是对艺术和创造性思维接受比较困难。当然，大多数人都能通过后天的训练，提升建筑师所必需的美学修养和创造性思维。

同时，建筑设计也不能只有感性思维，还要有逻辑思辨能力。建筑师是在从无到有地设计一座房子，在这个过程中，你需要输入各种条件，比如业主有什么需求、场地有什么使用的可能性、预算是多少、技术上有没有新的实现方式、美学上要如何呈现，等等。这个过程就是建筑师对各种模糊且不确定的条件进行思辨处理和理性判断的过程，需要他有非常强的逻辑思辨能力。可以说，这是决定建筑品质的关键因素。

如果建筑师在感性和理性方面能取得平衡，这当然很好，但大部分人都是有所偏向的，有人偏感性一点，有人偏理性一点。不同偏向的人会有不同的发展机会和设计手法，他们设计的建筑呈现出的特点也会有所不同。但无论偏向哪边，他们都能在职业里找到施展才能的机会。

想成为一名建筑师，你除了要同时具备在感性和理性两方面的专业素养，**还要具备全面且开阔的学识。**与建筑师相比，其他很多行业只需要从业者对本专业的知识有深入的认识。比如，IT、医疗、工程制造行业都有这个特点。但建筑师不一样，他们需要具有非常广泛的知识面。可以说，建筑师几乎要学习所有你能想到的专业知识。那具体来说，到底需要学什么呢？

首先，你需要学习建筑设计基础，包括美学、绘画等。而在绘画方面，专业美院学生需要学习的构图、素描、色彩等，你都得学习。

其次，你需要对建筑的历史非常了解。这不仅包括了解西洋建筑史、中国传统建筑史、现代建筑史和艺术史，还包括了解各个时代建筑的特点，为什么会形成那样的建筑，以及每个时代的艺术对建筑的影响，等等。

再次，你需要学习建筑伦理学。伦理学是至关重要的，因为从某种意义上说，建筑设计就是在创造一种伦理关系。比如，建筑有等级之分，首都的建筑风格和普通城市的建筑风格肯定是不一样的，一个企业的总部大楼和普通办公建筑也是不一样的。再比如，在一个住宅里，主人的房间在哪儿，儿童房在哪儿，老人的房间在哪儿，佣人的房间在哪儿，都是有讲究的。对每个建筑甚至每个房间的设计和安排，就是建筑师在运用建筑处理社会关系，也体现了建筑师对社会关系的深度理解。

最后，因为建筑设计需要考虑建造的合理性，所以你还得具备力学、结构学、工程学、高等数学等方面的知识。在建筑施工时，你需要与其他专业的工作人员相互配合，所以对暖通、空调、给排水、智能信息化等也得有所了解。当然，在这些方面，你可以不用像工程专业的人那样学得那么深。比如，高等数学你学到初级就可以了，但工程专业的人可能得学到中级或者高级才行。

以上列举的，只是成为建筑师需要学习的一部分知识。除此之外，还有非常多要学的，比如建筑法规、建筑施工、建筑防灾、古建筑保护、生态建筑、建筑景观、生物学，等等。而且，掌握这些知识仅仅是入门的基础要求。和医生一样，建筑师是一个极其需要实践的职业。学完这些知识后，你还需要在工作中实践累积，只有这样才能逐渐成为一名能够独立承担设计工作的建筑师。

请注意啦！这里有两个要点：第一，建筑师分为各种类型的。青山周平老师就提到，行业里有石上纯也[1]这样艺术天

---

1. 日本建筑师，代表作有 2019 年伦敦蛇形画廊夏季展亭。

分非常高的建筑师，也有诺曼·福斯特这样积极应用先进技术和材料的建筑师；有托马斯·赫斯维克[1]这样能打破常规思维，设计前卫大胆的建筑师，也有彼得·卒姆托[2]这样个性沉默，与社会保持一定距离的哲学家般的建筑师；有扎哈·哈迪德这样各种项目类型都有所涉及，自己有非常明显的独特造型风格的建筑师，也有凯瑞·希尔[3]这样在某一特定领域深耕的建筑师。所以，如果想当建筑师，请不要给自己设限，不管你是什么类型的人，都有可能在建筑领域获得成功。

第二，如果你希望自己设计的建筑可以被合法地建造出来，你就需要与有工程设计资质的设计院或公司合作。按照国家规定，在概念设计阶段，你可以自行设计，可一旦进入施工图设计环节，你就需要与这类机构合作，请它们审批、盖章，因为只有这样你的设计图才算是合法的施工图纸，才能用于指导建造。

---

1. 英国建筑师，代表作有 2005 年的滚桥、2010 年上海世界博览会英国馆、2011 年香港太古广场的改建等。

2. 瑞士建筑师，2009 年普利兹克建筑奖得主，是 21 世纪最受敬仰的建筑师之一，代表作有沃尔斯温泉、布雷根茨美术馆等。

3. 澳大利亚建筑师，安缦酒店御用建筑师，极简酒店风格的缔造者，代表作有东京安缦、青岛涵碧楼等。

建筑师需要具备哪些能力

·青山周平

看到弗兰克·赖特设计的流水别墅，或者贝聿铭设计的卢浮宫玻璃金字塔（见彩插图3），你可能会认为建筑师是艺术家。但想到建筑师加班加点画图，戴着头盔在工地上查看进度，你又可能会觉得建筑师更像工程师。其实这两种想法都没错，只是都有些片面。从项目竞标到项目结束，建筑师要充当不同的角色。不同角色所对应的，也是成为一名优秀建筑师所必须具备的不同能力。

最初，在项目竞标阶段，根据项目规模的大小和类型，通常会有几十名、几百名甚至上千名建筑师同时竞争。为了拿下项目，除了要准备竞标材料，你还要像商人一样和客户应酬，从不同层面了解、挖掘客户的需求，说服客户接受自己的想法，以求达成合作。所以，有人把建筑师在这个阶段的角色称为**"推销自己想法的销售"**，而这也说明了社交能力和说服业主的能力在这个阶段的重要性。

拿到项目后，在概念方案设计阶段，建筑师的角色更像是**艺术家**。为了做出有创意的项目，你得站在感性、人文性和批判性的角度探讨项目的各种可能性，而这就需要你有足够强的创意能力。比如，我设计的 400 个盒子共享城市社区项目（见彩插图 4），就源自我对传统住宅的思考。传统住宅两室一厅、三室一厅的户型，反映的是三口之家、四口之家的传统生活方式。但现在，越来越多的年轻人选择独居，购房压力也越来越大，传统户型的住宅很难再满足当代年轻人的需求。因此，我将住宅设计为用特制材料制成的可移动的盒子。盒子里有单人床、工作台和基础的收纳工具。多个盒子可以组合成共享社区，盒子之间可以摆放共享沙发、桌椅等。这样，年轻人既可以有独立的生活空间，又可以有共享的社交场所。

到深化方案设计和初步设计阶段，建筑师的角色就逐渐从艺术家转变成了用理性和逻辑性思考的**工程师**。这时，你需要核算成本，考虑建筑的结构和各方面规划的情况，解决材料、水暖电和设备供应等实际问题。

到项目施工阶段，建筑师的角色又从工程师转变成了**协调人**。施工团队里涉及的工种众多，有负责水暖电的，有负责外立面的，有负责结构的，还有很多个人工种。这些人对项目的理解不同，专业水准不同，受教育程度也不同，但他们又都在根据你的设计方案工作，必然会出现很多问题。比如，施工方没有准确理解设计信息导致施工效果不对，或者材料供应出了问题等，这些都需要你来协调、统筹。

项目验收结束，建筑师的角色又从协调人转变成了**写作者**。从项目最初的灵感孕育、创意设计到施工和验收评估，你要对整个过程进行复盘、总结并写成报告。如果是对你有特别的意义，代表了你职业生涯阶段性成果的建筑项目，你可能还需要特地安排一段时间来写本书，把项目推进过程中的构思、艰难与荣光付诸文字，推向大众。这时，你又需要具备写作能力，甚至是面向公众表达的营销能力。

虽然不同阶段对建筑师能力的要求不一样，但对某些能力的要求是贯穿始终的，比如项目管理能力、全局思考能力等。可以说，拥有全方位的综合能力，是一名成熟建筑师的标志。当然，在强悍的综合能力之上，建筑师也会在长期的工作中形成在某方面更突出的能力，而这能让建筑师做出更具个人特色和影响力的建筑作品，也能让建筑师有更好的发展。

看完以上内容，你会不会产生一个困惑：在这么多能力中，到底什么才是建筑师的核心竞争力？答案很残酷，只有每项能力都足够优秀，建筑师才能在行业里具备竞争力。

　　除此之外，做建筑项目需要调动大量的社会资源，其中涉及业主、政府各个部门的人，以及几十个细分专业的人。所以建筑师还需要具备超高的情商，能和不同社会背景、不同利益诉求、不同价值观的人打交道。当各方因为建筑项目出现分歧时，建筑师要有能力协调各方的诉求，同时仍能实现自己的设计意图。想要成为一名优秀的建筑师，需要具备的能力实在是太多了。也正因如此，才会有人说："电视剧里那种什么都会、能掌控一切的总裁的原型，就是建筑师啊！"

　　能力要求这么多，那成为建筑师之后，能多快得到回报？现实的回报又有多少？接下来，我们就前往第三站，了解一下建筑师所处的生存环境是什么样的。

建筑师的成长周期是什么样的

· 刘晓光

建筑师是一个成熟比较晚的职业。从横向对比来看，在金融行业，有人 20 多岁就投资过知名项目；在创业圈，很多人不到 30 岁就已功成名就；在互联网行业，软件工程师 20 多岁就能拿到高薪，到 35 岁则已经开始担忧自己是不是年龄太大了；但在建筑行业，建筑师普遍在四五十岁才会成熟。即便是大家熟知的知名建筑大师，也大多数是到四五十岁才成熟——一般是在 40 ～ 45 岁，有人早点，有人晚点。在此之后，建筑师才有机会做出真正成熟的作品。比如，贝聿铭 60 岁后才设计出了卢浮宫玻璃金字塔，82 岁才开始设计苏州博物馆。也是因为这一点，贝聿铭才会说"**建筑师是一种老年人的职业**"。建筑师之所以成熟晚，一个很重要的原因是建筑行业是一个典型的慢行业。这种慢，体现在行业的方方面面。

和建筑师最直接相关的，是项目启动慢。一个建筑项目往往需要经过相当漫长的准备、决策和审批过程。比如，建设一个公立博物馆，需要申请政府立项，进行可行性研究，经由多层行政审批获得用地和财政拨款。如果是商业开发项目，在所有政府审批环节之外，还要进行商务策划、获取土地和贷款融资。考虑到一些不可控的因素，比如政策调整、市场状况改变等，行业里也经常出现启动项目所需时间比工程建设时间还长的情况。

项目启动后，从策划到设计，再到建设，每一个阶段都慢。项目建设大体上包括设计和施工两大环节。实际上，完整的流程可能比很多人想象的要复杂得多，因为建筑师的工作并不仅限于设计。一般情况下，在设计环节之前的策划环节，建筑师就要参与其中。通常，你要根据项目的规模、功能、需求、投资和市场情况等，运用专业经验，为项目和业主提供策划建议，进而制订一份合理的设计任务书。这个策划环节，耗时数周到数月都有可能。

之后，你就进入了设计阶段。跟其他国家相比，我国的建筑设计周期已经压缩得很短了，但实际上依然比较漫长。即便是常规的小型建筑项目，从最初的项目设计创意，到概念方案设计、深化方案设计、初步设计和施工图设计等环节，再到最后成为一个可落地建造的设计方案，起码需要一年半载的时间。

设计环节结束后，根据项目规模和难度的不同，施工期可能会持续一两年甚至数年。施工期结束后，还需要经过验收、评估环节，这样整个项目才算真正完成。这么算下来，一个项目从策划到竣工验收，正常情况下也需要三至五年，就更别提因为外部政策变化、施工期延误等不确定因素导致多年未完成建设的情况了。

建筑设计涉及的范围广、内容杂、周期长、环节多，因此建筑师需要同时具备设计能力、丰富的实践经验和协调沟通能力等，而这在客观上导致了建筑师成熟晚。

我自己也经历过这个过程。大概在二十七八岁时，我才开始实质性地参与建筑设计。当时我参与的是北京王府井东安市场的改建项目，负责建筑外观和形式的设计工作。那时我对商场的动线设计、空间安排、店铺设置以及如何与其他部门协调沟通等都不是特别熟悉。从这个项目开始，我开启了十年左右的学习阶段，获取了相关的知识，掌握了遇到的种种技术问题的解决方法。但在此之上，建立起更整体化、个人化的知识体系和方法论，又是另一个十年之后的事情了。

总的来说，建筑行业也存在天赋异禀、出类拔萃、早早成熟的人才，但这只是极少数情况。行业内大多数建筑师，都是缓慢积累到四五十岁才成熟的。

建筑师的收入情况怎么样

· 邵韦平

社会上大多数职业的薪酬制度一般有两种，一种是岗位底薪加项目绩效提成，另一种是固定岗位薪酬（月薪／年薪）加年终奖金。在建筑师行业，通行的也是两种与之类似的薪酬制度。

第一种是项目收入的绩效提成制度。在这种制度下，建筑师的薪酬结构为岗位底薪加项目绩效奖金。岗位底薪一般按国家标准计算，不同地区、不同公司差异很大。最终的年收入取决于建筑师一年工作量折算成设计收入的占比，以及对应的奖金计算值。按照建筑行业惯例，设计费大概是项目工程造价的 2% ～ 5%。如果一个项目的工程造价为 10 亿元，设计费就是 2000 万～ 5000 万元；设计院的人工成本占比较高，其中超过 20% 的收入会作为设计团队的奖金发放下去。

绩效提成制度，可以说是员工与企业共同分担经营风险。

项目不同，设计费也会不同。如果遇到好的项目，建筑师的收入就会高一些；如果市场不好，没有特别合适的项目或者没有项目，收入自然会受到影响。

第二种是固定岗位薪酬加部分年终奖激励制度。这是比较常见的薪酬制度。在这种制度下，建筑师不参与项目设计费的分成，其薪酬根据各企业内部制定的员工岗位工资标准来确定。具体来说，建筑师的薪酬取决于企业对员工价值的认定，不会过多受市场波动影响。根据薪智[1]的薪酬报告和我在行业里的观察，一个刚毕业的新人建筑师，税前的月薪一般在 7400 ～ 15000 元，其中的差异是由每家公司的效益不同导致的；工作 5 ～ 10 年后，如果能成为独当一面、独立带项目的主创建筑师，年收入会涨到 30 万～ 50 万元。这种制度的好处是，建筑师不用承担项目风险，收入稳定，但相应地，也会失去拿到高额项目奖金的可能性。

国内的建筑设计院、设计公司和大型设计事务所，采用的都是这两种薪酬制度。具体采用哪一种，不同企业会根据自身的特点进行选择。

在大家过去的认知中，建筑师是一个令人竞相追逐的精英职业，不仅社会地位高，收入也高。但从 2019 年开始，建

---

1. 国内最大的薪酬数据库。

筑行业的从业人数逐年减少。相比于 2021 年年末，2022 年的从业人数减少了 98.92 万人。[1] 很多建筑专业的在读学生都在试图通过考研转到其他专业，或者考虑毕业后转行。其中的原因是什么？这种情况下，建筑师这个职业还值得进入吗？入行后的出路又在哪里？下面，我们进入第四站，来看看建筑师未来的职业发展情况。

---

1. 中国建筑业协会：《2022 年建筑业发展统计分析》。

建筑师未来会面临哪些行业变化

▌发展：行业回归常态，调整认知偏差

· 刘晓光

现在，很多人觉得经济在下行，而建筑行业尤其明显。很多想成为建筑师的人，还有年轻的建筑师，都希望了解一下行业的发展趋势。比如，未来建筑行业的产值有多少，在这个产值中设计的占比又有多少。我理解年轻人有客观上的生存压力，希望有一个可预估的好的未来，但从我这么多年的从业经历来看，这些数据或许能让你对行业的大形势有一定的认知，但对你每天的工作其实没什么影响。如果把这些数据作为职业参考，你可能会走入误区。

在过去很多年里，大家都认为建筑师是一个高成就感、高收入的职业。前者没错，后者是不对的。实际上，大家对建筑师收入高的印象，是由建筑行业在过去几十年里的高速发展带来的，是有点泡沫化的。现在所谓的"下行"，则是市场在去泡沫化，往常态化发展。

随着建筑行业回归常态，一定会有一个震动周期。从现实来看，在建筑师身上最直观的体现就是收入少了。在泡沫化时期，社会上项目多，对建筑师的需求量也大，如果一个建筑师有特别突出的才能，他的收入能比同一家设计院、同一个级别的建筑师高出几十倍。但常态化之后，社会上项目少了，项目主体也从原来的大型建筑项目慢慢变成了相对小型的项目，或者是改造更新的项目，又或者是只需要做一些设计的项目。相应地，市场对建筑师的需求也减少了。这就导致留在行业里的人竞争加剧，去争夺有限的资源。总的来说，不同级别的建筑师收入仍然会有差距，但同级别建筑师之间的收入差距会减小，甚至可能没有什么太大的差距。

不过，比较确定的是，**在任何一个经济去泡沫化、进入常态化发展的社会，建筑师都不会是一个高收入职业**。跟高科技行业、互联网行业和金融行业的从业人员相比，其收入更是不可同日而语。当然，不管是现在还是未来，建筑师都可能会有很强的自我成就感，也很受他人尊重。但从对从业人员的要求及其相应的付出来看，建筑师并不算一个"性价比"很高的职业。如果你的生存压力已经大到足以影响你对职业的选择了，那我建议你最好不要考虑进入这个行业，因为你可能很难在这个行业拿到让自己满意的收入。

拿更早进入常态化发展的美国做对比。目前，美国年轻人首选的仍然是金融、互联网、高科技等职业，只有少部分人会选择当建筑师。行业里的不少建筑师，工作几年后也会考虑转行。我在网上看到过一个纠结要不要转行的美国建筑师的说法："我爱这个职业，但它不能带来我所需要的满足感。我的同学不需要加班，生活更平衡，收入还比我多30%——这还是保守的数字。"这个例子体现的是非常客观的情况。

这种情况下，能在行业留下来并站稳脚跟的建筑师更像是手艺人，他们把建筑师当作自己的身份，对设计有真正的热爱和热情，会精耕细作地做设计。作为一个传统行业，建筑行业不会一直处于增长状态，也不会是社会上最活跃的行业，但它是一个持久的行业，人们对它的需求不会减少，只会发生转变。现在，建筑行业经历了粗放式发展时期，正在转向高品质发展阶段，整个行业未来对设计的尊重程度也会相应提高，建筑师未来也会有很多发展空间。

刘晓光老师说的情况很客观，也很现实。但这并不意味着未来从事这个职业只能依靠"情怀"，这个职业还是有清晰的发展空间的。下面我们一起来看看。

趋势：城市持续更新，改造任务增多

· 邵韦平

过去，人们对建筑师的普遍印象是，他们一直在新建房子，这也是很多人想成为建筑师的重要原因之一。但现在，城市的住宅、机场、火车站等基础设施建设都已经基本完成了，未来建筑师还有更多的项目可做吗？建筑行业的发展前景如何？我的答案是，建筑师的工作机会仍然有很多，但他们的工作特点会发生变化。

过去，建筑师的主要工作是从无到有地新建房子，现在则更多地变成了对原有建筑进行改造和更新。2020 年发布的《中共中央关于制定国民经济和社会发展第十四个五年规划和二〇三五年远景目标的建议》就明确提出了"实施城市更新行动"。2021 年 8 月发布的《住房和城乡建设部关于在实施城市更新行动中防止大拆大建问题的通知》，又进一步明确指出了要严格控制大规模拆除和大规模增建。之后，各地也相继印发相关文件。以北京市为例，2022 年 5 月，北京市政府正式印发《北京市城市更新专项规划（北京市"十四五"时期城市更新规划）》，其中提出北京市将严控大拆大建，而是要小规模、渐进式、可持续地开展城市更新工作。从中可以看出，对建筑进行改造、更新，将会在建筑师未来的工作中占有很大比重。

那么，在城市改造和更新的过程中，建筑师能参与什么类型的项目？可以说，所有类型的项目都能参与。城市的改造和更新主要出于两点原因：首先，建筑有自身的生命周期，到了一定时间就需要改造、更新。其次，基础建设时期是粗放式增量发展时期，那时建筑师主要解决的是各地发展所需建筑的有无问题。比如，没有火车站，建筑师需要设计火车站来解决人们出行和货物运输的问题。那时的建筑设计和施工都比较粗糙，已经跟不上现在人们的生活质量和对设施的需求了。人们想要生活得更好，就必然要对原有建筑进行改造、更新。

比如，北京有很多地段特别好的老小区，受建造时的经济、生活观念等因素影响，建筑结构普遍不符合目前的安全规范标准，也无法满足今天人们的基本生活需求。北京三里河的百万庄小区就是一个典型的例子。它位于城市的核心区，当年曾经是一个服务于公务员的明星社区。可是，用今天的标准衡量，它没有电梯、停车位不足、设施陈旧、社区服务匮乏，显然不是一个优质小区。老旧社区的这些问题，都需要通过改造、更新来解决。

再比如，在早年建成的两条以上轨道交汇的车站中，为了降低工程造价，缩短工期，车站经常各自单独建站，不能在站内直接连通，导致乘客换乘十分不便。北京地铁东直门站多条轨道线路的站厅设置就属于这种情况，乘客在不同站台之间换乘所需时间过长，严重影响乘客体验。这些问题，都需要建筑师去研究和应对。

但看过这些例子，你可能还是会有疑问：具体的项目量能有多少呢？以北京和上海为例（具体可登录自己所在城市的市政府官网进行查询），北京市政府在《北京市城市更新专项规划（北京市"十四五"时期城市更新规划）》中明确规定，全市集中建设区内共有可更新建筑约 2.45 亿平方米；上海市政府在《关于加快推进本市旧住房更新改造工作的若干意见》中指出，旧住房更新改造的范围，主要是 2000 年年底之前建成，并且使用功能不完善、配套设施不齐全的老旧小区，有条件的区也可以适当地将 2005 年年底之前建成的小区纳入改造范围。

从这个层面来看，未来的项目建设量仍然是巨大的。而且，随着人们生活质量、对建筑审美要求的提升，以及设计、建造水平的不断提高，这类改造、更新项目会成为建筑师执业的重要组成部分。你可能知道欧洲有许多深受游客喜爱的历史名城，如奥地利的维也纳、萨尔茨堡等，充满着城市的魅力，这种魅力是经过几百年的发展，经过一代又一代建筑师的努力，才变成现在这个样子的。

总的来说，城市的持续更新是当今城市发展的基本趋势。

为你补充一个小知识：世界上很多国家都经历过城市更

新阶段，这是一项有政府规划、有周期性的运动。

具体来说，城市更新主要包括三个方面：一是对生活设施条件恶化的社区、建筑物拆除后进行重新设计、开发；二是对设施老化、建筑物有损坏的社区或建筑物，进行有针对性、不同程度的改建，比如对老小区进行电梯安装、外墙修缮、小区自然环境优化等；三是通过重新规划、设计建筑密度、人口密度、建筑用途等，对有历史、文化积淀的城市和社区进行保护性更新。

你可以看到，城市更新的工作内容，与建筑师过去从0到1设计项目、建一所房子是完全不一样的。接下来，我们来看看它对建筑师的工作提出了哪些新的要求。

影响：城市更新对设计工作的要求

· 邵韦平

当整个社会对建筑的需求都从量转变到质后，市场对建筑师的要求也会变得更高。以前，只要会设计，你就能在这个行业有饭吃；但未来，你不仅要会设计，还要能做出好设计。为什么会出现这种情况呢？

首先，改造建筑比新建建筑更复杂。用行话来说，改造建筑就是"螺蛳壳里做道场"。具体来说，设计新房子的限制条件比较少，你可以随心所欲地做设计，甚至在概念方案设计阶段，很多非常专业的现实问题你都不用考虑。但改造建筑不一样，因为要在既定的条件下做设计，所以你一上来就会遇到很多专业问题。比如原本设计建筑，一开始主要考虑的是创意，结构问题要到中后期才考虑，但现在一开始你就得考虑原有建筑的结构情况，因为只有这样才能知道如何在原有基础上让房子更具安全性。再比如，在设计新建筑时，机电问题同样是中后期才需要考虑的问题，但改造房子时，也得一开始就考虑到。面对一个需要改造的建筑，如果没有过硬的专业能力，你根本不知道从哪里下手。

其次，新开发建筑在模式上没有太多限制，业主可以通过扩大规模创造更大的价值。比如，把楼盖成两层回报比较少，那就盖成十层。这样业主会更有信心，也能在项目中投入更多费用。但在改造项目中，因为受到原有建筑的限制，业主的回报路径比较少，可调动的投资规模也比较小，所以**必须通过精细化的设计来提升品质，使项目的价值得到提升**。这时，如果你有很强的设计能力，能通过在设计上的精耕细作来提升项目回报率，你就能拿到项目。但是，如果你的设计能力不够突出，想要拿到项目可能就会比较难。

举个例子。北京的首钢工业园区原本是一个已经失去活动和功能意义的园区，经过建筑师的改造，它变成了一个以钢铁工业文化遗产为主题的文化园区，还承接了 2022 年北京冬奥会的部分赛事。在这个园区中，原本的冷却泵站、制氧主厂房被改造成安检大厅、赛事管理办公区和综合服务楼，原本的发电厂厂房被改造成北京冬奥会官方接待饭店，原本的精煤车间老厂房则被改造成冰壶、花样滑冰和短道速滑的训练馆。北京冬奥会结束后，这里也成为很多国际赛事的举办地，以及很多游客特地前往的打卡地。[1] 公众有了新的公共空间，业主也获得了新的回报。如果你有这样强悍的设计能力，能从既有的建筑中发现新的机会，那你当然就能得到越来越多的机会。

▌挑战：建筑在未来的新价值

· 青山周平

很多建筑师都相信，建筑可以改变人的生存和生活状态，而这种信念又让他们愿意在这个行业深耕下去。我相信，看

---

1. 界面新闻：《从大跳台再次出发，首钢工业园蝶变》，https://baijiahao.baidu.com/s?id=1731542738037765614&wfr=spider&for=pc，2022 年 12 月 10 日访问。

到自己在图纸上画下的设计最终成为一个个实体建筑空间，看到人们在其中生活、工作，每个建筑师都会感受到快乐和成就感。但不得不承认也不得不面对的现实是，随着社会的发展，建筑师通过建筑设计提供给大众的价值正在发生变化。

首先，互联网的发展给建筑设计带来了巨大的冲击。在过去没有互联网的时代，大家想上课就要去学校，想购物就要去商场，想读到更多书就要去图书馆，想上班工作就要去办公室。所以，一直以来，建筑设计都是以功能性为主。但到了互联网时代，网络更高效、便捷地解决了人们的实用需求，人们可以通过网络上课，通过互联网购物，通过手机或者阅读器读书，通过网络和同事协同办公。2022年年初，知名民宿平台Airbnb（爱彼迎）宣布员工可以永久性地申请线上办公，而不用再去线下的办公室工作。这些事实都说明，社会对实体建筑空间的需求正在发生变化。

其次，更加未来也更具革新性的"元宇宙"概念对建筑提出了新的挑战。2021年10月，Facebook更名为Meta，并提出10年内让"元宇宙"覆盖10亿人的战略目标。虽然很多专家对"元宇宙"的定义和发展有自己的解释和看法，但不可否认的是，未来世界将会变得更加虚拟化。而在这样的未来，以实体建筑设计为主要工作的建筑师该何去何从呢？

如果要在工作中探寻这个问题的答案，我觉得可以进行反向思考，因为每个时代的建筑师都是以人的需求为原点来思考设计方向的。那么，当建筑的功能逐渐被虚拟化取代时，你需要思考还有哪些问题是科技不能解决，只有设计才能做到的。

对于这个问题，我有一个思考和探索多年的答案。我觉得，未来的建筑设计可能会不再以功能性为主，甚至不再有什么功能性，而是更倾向于为大众提供体验感。

体验感，其实就是通过设计加深人们的交流和联结。比如，未来在设计学校时，设计重点可能不是如何设计正式上课用的教室，而是如何在走廊这样的地方，设计出一些可以让老师和学生更随意、更轻松地交流的空间。因为面对面交流时，彼此眼神互动和思想碰撞所产生的火花，是网络上的交流无法替代的。再比如，未来在设计书店时，可能不需要再设计可供陈列大量图书的空间，而是要提供一个让人们能进行更多交流的场景。在阅读Club（项目化名）这个项目中，我就做了这样的尝试。书店里没有陈列大量图书，而是放了18把可以360度旋转的椅子，每把椅子上放一本书。如果你和旁边的人看的是相同的书，你们就可以把椅子转过来面对面聊天，其他人也可以随时把椅子转过来参与讨论。

体验感，更是通过设计引发人们的感受。当人们的实用需求都被引导到互联网上后，建筑设计就要做互联网无法做到的事。那么，什么是互联网无法做到的呢？人的生物性感受。我们可以通过网络预定餐厅，甚至可以在虚拟世界的餐厅里吃饭，但我们无法闻到食物的香味，也无法获得享受食物的满足感；我们可以在虚拟世界观看世界各地的建筑，但无法真实体会到阳光洒落在身上的感受，也无法体会到光线从天窗洒下时内心涌出的感动；当然，在虚拟世界，我们更无法获得对物体材质、尺度等的感受。所以，我在一些项目中有意做了很多能激发人感受的设计。

举个例子。在杭州里堂（项目化名）的空间设计项目里，我用仓库里存放多年的旧木材设计了一面木材墙（见彩插图5）。这些木材没有经过加工，每一根都保留着自然原貌和原始的自然气息。当客人推门进入这个空间时，他们会闻到木材散发的自然木香味，这种味道会让人感觉特别亲切、放松。

再比如，在北京白塔寺附近的一个民宿改造项目里，我特意在屋顶处设计了天窗。通过天窗的引导，身处这个民宿的人可以充分感受到不同时间的光线变化。除此之外，我还用原来老院子里拆下来的旧青砖，以及拆除院子时从地下挖出来的清代的石头，搭建了民宿中心的楼梯塔。正是这些旧青砖、旧石头和空间氛围，让第一次来这个民宿的人感觉自己仿佛曾经在这里生活过，唤起他们内心深处对童年的原始记忆。

当然，以上只是我提供的一种思考方向，相信你在工作中也有自己的思考。总的来说，建筑师的设计和时代背景息息相关，所以未来是挑战，也是我们新的机遇。

启示：关注建筑的物理属性和精神属性

· 刘晓光

我觉得，与其说社会的发展给建筑师带来了新的挑战，不如说是给我们带来了新的启示。为什么这么说呢？因为建筑是让人安身立命的存在。几千年沧海桑田，但人的生物特征和生物习惯对建筑的需求并没有发生什么实质性的改变，人仍然依附于实体空间，仍然需要实体建筑空间来遮风挡雨，这是人的生物需求使然。所以，不管是在如今的互联网时代，还是在未来更加数字化的元宇宙时代，这种核心需求都不会消失，甚至会得到强化。世界仍然需要建筑，建筑师总有事情要做，也永远会为了让人们有更好的生活环境而努力。

明确这一点之后，我们可以再思考，未来建筑师能用设计呈现的价值是什么？

一如既往，我觉得未来的建筑设计还是需要同时关注建

筑的物理属性和精神属性，帮助人们建立对建筑的家园感和身份认同。比如，建筑师设计一栋房子，不仅仅是为了呈现这个建筑本身，更是为了给人提供一个真实的身心栖息之地。这样，当住户在描述自己的所在地时，他可能不会说几门几号这样冷漠的数字编号，而是指向一个具体的空间场所，犹如过去那样，说我家在哪条河边，哪座山前。

未来，对于建筑，人们在精神上的需求可能需要被特别强调。建筑不单单是一栋房子，还意味着归属感和身份认同。比如，你从小在北京长大，那你骨子里一定有非常北京化的东西。你会有北京人特有的方位感和秩序感，你会说东南西北，而不是左转或者右转。即便去到其他城市生活，只要感受到熟悉的氛围，听到熟悉的语音，闻到熟悉的味道，你就可能会想起北京。这种潜移默化产生的感觉和认知积淀存在于可触摸的物理世界之中，是虚拟空间完全无法给予的。

也正是因为这一点，互联网时代反而出现了一种有趣的现象：人越是在线上虚拟空间生活，反而越想回到线下真实的物理世界。比如，新冠疫情期间，人们生活和工作中的大部分事情都在互联网上完成了，但大家仍然渴望走出家门，渴望去公园游玩，去美术馆看展览，甚至是去办公室工作。

由此可见，即便科技发展到了无所不能的程度，人们也仍然需要在真实的物理空间中找到身心的家园，找到根基和归宿。这是建筑最核心和最终极的意义，也是永远无法被取代的价值。

建筑师未来会被人工智能取代吗

· 刘晓光

无论你是想当建筑师，还是正在从事建筑师这一职业，你可能都会疑惑，人工智能的发展越来越迅速，比如ChatGPT不仅可以用来查找资讯，还可以用来翻译稿件、写小说等，功能非常强大，那么，建筑师这个职业会被人工智能取代吗？

我认为，**在可见的未来，人工智能必然要取代建筑师的一部分工作，但不会是全部。**

我们先来看看哪些工作不太可能被取代。建筑师的工作是艺术与工程的结合，也可以说是感性与理性的结合，其中偏艺术、感性的部分是很难被人工智能取代的。比如，你给ChatGPT一个关键词，它就可以自动生成一个或多个设计方案，甚至有的方案看起来比建筑师设计的更具艺术感，更有想象力。但人工智能生成的只是建筑的形式，还不足以被称为一个完整意义上的建筑设计。一个好的建筑设计，一定包含着建筑师构建和赋予的意义。

举个简单的例子。人工智能可以基于大数据设计出一个合理、高效的楼梯形式，但不会自主设计这个楼梯带来的具体体验。建筑师则可以基于对使用者感受的设想，有意识地选择、改变楼梯的坡度、宽窄和方向，让人感觉自己不是在费力攀爬，而是在轻松地游走，或者是让人在行走过程中体会到庄重感。

而且，人工智能是在已有的数据基础上进行工作，难以对人类未来的生活和建筑的发展进行深度创想。建筑师则有着丰富的想象力、创造力和同理心，对复杂的人性和世界有切身的理解，对人类未来的生活场景有切实的构想和创造。

此外，建筑师可以在确立设计目标（如建立空间的神圣感和纪念性）之后，再使用人工智能根据自己的思路生成设计方案。至于对方案的判断和选择，仍然是建筑师在做。在这个场景里，是建筑师把人工智能作为工具，而非人工智能取代了建筑师。

不仅如此，建筑师还需要和业主、政府方，以及相关人士进行大量的人际沟通和协调，这更是人工智能无法取代的。因为人工智能无法识别语言背后的潜台词，无法与人建立起真实的关系，也无法权衡利弊，处理各方的复杂关系。在这种情况下，人的情商远比人工智能重要。

那什么是人工智能可以取代的呢？和大部分行业一样，**建筑师工作中偏基础性、重复性、经验性、逻辑性、计算性和工程性的工作比较容易被取代**。因为这样的工作与人工智能的核心功能高度重合，并且人工智能可以完成得更高效、更准确。

比如，建筑师的工作中有一项叫"强排"，通常是业主拿了一块地做开发，需要建筑师测算出效益最大化的方案，比如在满足规划需求和规范的前提下能做到多大面积，做出多少个单元，里面有几个二居室、几个三居室，等等。以往，建筑师需要长时间反复演算才能得出最优解，人工智能所需的时间则基本可以忽略不计。再比如，做建筑面积统计时，建筑师经常难以做到非常精准，人工智能则可以避免这种情况。

但是，这并不意味着缺乏原创力的建筑师和初级建筑师在未来就没有机会了，只是他们的工作内容可能会发生转变。在与人工智能共存的未来，他们可能会变成匹配用户需求和专业资源的专业顾问或项目经理。也就是说，他们不需要自己设计建筑，而需要负责洞察、梳理业主的需求，然后将其传递给人工智能化的设计端，生成备选方案，再协助业主进行选择和优化，并协调有关部门完成审核和建设。

正如 ChatGPT 对本节标题的回答，人工智能是协助建筑师工作的工具，我们有必要了解它对这个职业的影响，利用它的长处提升工作效率，并在它有局限性的地方取得更极致的发展。这是每个想成为建筑师，以及正在做建筑师的人都需要了解的。

了解完人工智能对建筑师的影响，接下来我们看看如果在这行发展得不顺利，你可以转行去哪里，最终做到无论是留在行业里，还是离开行业，都有出路可走。

建筑师转行可以做什么

· 青山周平

在很多人的印象里，建筑师是一份不错的工作，所以他们会觉得，建筑学专业的学生毕业后，进入建筑行业是顺理成章的事情。但事实并非如此。我本科读的也是建筑学，我们班上大概有 40 个人。据我了解，目前还在当建筑师的只有两个人，其中一个人是我。为什么呢？和其他职业一样，这里面有客观原因，也有主观原因。

先来看客观原因。和目前中国的情况非常相似，在泡沫经济时期结束后，日本整体的项目资源变少，年轻人的上升机会也随之变少，他们觉得行业发展空间小，因而选择从事其他行业。再看主观原因，比如工作几年后，感觉自己不适合当建筑师，认为转去其他职业会有更好的发展；又比如在工作上的付出与回报不平衡，或者难以达到让自己满意的状态，这些都会导致人们离开这个行业。

不过，即便最终选择了其他行业，学习建筑学专业所获得的思维方式也依然适用。通常来说，当过建筑师的人，都比较善于进行非逻辑性的创意思考，能把多领域的知识、业主需求等相结合并形成设计理念，最后科学、理性地落地，解决客观现实问题。因此，如果要转行，以下这些职业都可以作为备选方向。

首先是可以解决社会问题的职业。比如，你可以去住建部、城市规划部门、社区街道等基层部门。这些部门的职责和建筑师比较像，都是要运用有限的条件和资源科学地解决社会问题。而且，它们的工作跟居民的生活息息相关，建筑师可以运用之前积累的能力，让城市空间和居民生活变得更好。事实上，的确有很多建筑学专业毕业，或者当了几年建筑师之后想转行的人选择去这些地方。

其次是需要运用创意的职业。比如，你可以去广告、策划等行业。这些行业的工作逻辑和建筑师非常像，都是既要考虑客户的诉求，从中发现机会，又要考虑受众的诉求，然后通过逻辑化的方式，将你的创意或者设计呈现出来。只不过，建筑师要呈现的是一个建筑，而广告人或者策划人要呈现的是一个触动人心、可传播的广告或者策划方案。

最后是能突出审美的职业。比如，你可以去做室内设计师或者艺术家。在日本和其他一些国家，这也是很多建筑师在面临机会变少的情况后选择的转行方向。这几年，我在做好好住主办的"营造家奖"大赛的评委时明显看到，原本很多不做室内设计的建筑师和事务所也都参与到竞赛中来了。

当然，除了以上几类职业，你还可以考虑把自己有关生活的理念和思考用不同的方式呈现出来。比如，很多建筑师会选择做个人生活美学品牌，或者开一个生活用品店，甚至是开一家餐厅。虽然这跟做建筑设计的工作形式不同，但都是在用各种载体传达自己的理念，为人们带来更好的生活。

到这里，我们就完成了"行业地图"的预演之旅。现在，相信你已经对建筑师这一职业有了轮廓化的认识，不仅清楚了建筑师的职业定位，还了解了建筑师的入行门槛、职业要求、现实处境，甚至对建筑师这一职业未来的发展情况也有了清晰的认知。祝贺你，你的知识体系里已经有了建筑师的"行业地图"！

CHAPTER 2

第二章
新手上路

欢迎你来到第二章，这一章的核心内容是"新手上路"，也就是为你呈现从想成为一名建筑师到初入职场后3～5年的内容。

在为你深入介绍这一章的内容之前，我们先来了解一下，建筑师完成一个建筑项目需要经历哪些流程。这样你心里就会有一张清晰的建筑师工作地图，在接下来的预演过程中，能清楚地知道自己到了哪一个工作环节。

建筑师完成一个建筑项目，需要完整经历概念方案设计、深化方案设计、初步设计、施工图设计、施工期协调和项目验收六个阶段，每个阶段的工作是层层递进的（见图2-1）。

图2-1　建筑项目全流程图

第一阶段，概念方案设计。在这个阶段，建筑师需要解读任务书、确定设计原则、制订设计策略、形成概念方案和方案呈现。是不是听起来感觉有点抽象？其实非常好理解，这是建筑项目最初期的阶段。在解读任务书时，建筑师要初步了解业主的需求，比如，建筑项目的场地在哪儿，功能需求是什么，预算有多少，等等；之后，建筑师要在之前了解的信息基础上，确定项目设计的大方向，也就是确定设计原则；制订设计策略是更进一步制订实施设计的路线图；形成概念方案是对团队内部形成的几个概念方案进行比较，确定一个合理的概念方案，最终在方案呈现阶段向业主进行展示和汇报。

第二阶段，深化方案设计。这一阶段主要包括两方面的工作：一是通过和各个专业人员的合作，确定概念方案是否具有建设意义；二是政府对方案进行法定审核，其中包括交通评估、环境评估、城市总体规划评估等，以确保方案符合国家法律法规的要求。

第三阶段，初步设计。整个设计团队，包括建筑师、结构工程师等各个专业的人员，要在已批准的深化方案基础上，对项目涉及的技术构成、造价等内容进行完整、系统的描述，形成稳定、准确的建筑技术需求和成本控制指标，进而指导下一阶段的工作。

第四阶段，施工图设计。建筑师要根据建造施工的需求，绘制可指导现场施工的图纸。

第五阶段，施工期协调。进入施工期后，建筑师要对施工单位进行设计交底，确认材料和设备采购清单，解决施工中可能遇到的问题。

第六阶段，项目验收。这是指国家对建筑项目进行验收的过程。一般情况下，只有等项目验收结束后，项目设计的工作才能宣告完成。需要注意的是，此处说的项目验收是建筑师设计项目的工作流程，并非政府或开发商履行的基建程序。

了解完建筑师完整的工作流程后，我们再来看看这一部分新手建筑师的工作。在这里，请你把自己代入一名新手建筑师的身份，跟随我们为你设计的职业预演路线，完成一名年轻建筑师从梦想启蒙到正式参与工作，从懵懂到专业的转变之旅。

首先是梦想启蒙阶段。很多人都是在初中或者高中时期就被各种各样的建筑或者建筑画册吸引，梦想着有一天自己也能设计出那样酷炫、震撼的房子。在生活里，很多人也早早地展现出了某些特质，比如很喜欢用木头搭小房子，或者爱给鸡盖鸡窝，又或者是热衷于研究鸟巢的结构等。这时,如果你想实现梦想,最理想的路径就是大学报考建筑学专业。不过,这也意味着你要面临在高中阶段应该做好哪些准备的问题。

到了大学,作为建筑学专业的学生,你要学习的内容非常广泛,所以与大部分专业不一样,你读的大概率不是四年制本科,而是五年制本科。这时你要面临的问题是如何规划自己的学业生涯,是否要读研,是否出国,如何确定未来的方向,等等。

大学毕业后,你开始实习或者正式工作,这时你很可能会遭遇"梦想"的破灭。因为在学校时,你学习了很多大师的建筑作品,老师也会鼓励你充分发挥自己的想象力和创造力,你会本能地觉得自己未来也能成为一名建筑大师,但参加工作后,你会发现,盖房子这件事离自己还很远。

你在团队中只是一个很小的角色,几乎没有话语权,所有设计问题都是由你的上级建筑师汇报给主创建筑师或总建筑师,由他们来做决策。而且,在工作中,你也会遇到很多问题。比如,你可能不理解同事在说什么,找不到每个阶段的工作重点,就算是画个楼梯都会被上级要求改无数遍。为此,你可能会觉得很痛苦,也可能会很困惑——工作的意义是什么?自己的价值是什么?工作中的这些难题又该怎么解决？别担心，对于新手建筑师会遇到的问题，这一部分都会提供有效的建议。当然，如果你目前正从事其他职业，想换个赛道，这一章的内容同样适用于你。建议你从"选择平台"开始逐篇看起。

现在，让我们开始这趟旅程吧。

◎ 入行准备

高中阶段要提前做好哪些准备 [1]

在高中阶段，你可能会经历和很多人类似的情况：一方面，对建筑充满热情，虽然没有真的设计过房子，也不了解建筑师真实的工作场景，但已经在脑海中构思过无数栋自己设计的房子；另一方面，对于想成为建筑师，自己要在高中阶段做好哪些准备，仍然一头雾水。如果真的有志于成为一名建筑师，这时你就需要有一份清晰的准备清单。具体来说，可以参考以下六条。

第一，对自己是否适合从事这一职业做出客观的判断。如果看过"行业地图"的内容，相信你已经对如何才能成为一名建筑师有了初步的了解。接下来，你可以登录全国大学生学业与职业发展平台 [2]，这是教育部学生服务与素质发展中心

---

1. 本篇内容由编著者根据相关参考资料、本书受访者的访谈，以及北京十一学校王笃年老师的建议整理而成。后文有未标注受访者的文章，也是这种情况。

2. 网址：https://xz.chsi.com.cn/survey/index.action。

建设的一个职业测试平台，上面有兴趣／性格、能力／素养等多个维度的测试，其测试结果可以作为你判断自己是否适合从事某一职业的参考。

第二，为未来报考建筑学专业选择合适的高考科目。截至 2022 年，我国已经有 29 个省分批实行了新的高考制度，不再进行文理分科，而是采用"3+1+2"或者"3+3"的选科模式。"3+1+2"模式是指，除了全国统一要考的语文、数学和英语，你还需要从物理、历史中选择 1 门，从地理、化学、生物、思想政治中选择 2 门作为报考科目。"3+3"模式是指，除了语文、数学和英语，你还需要从物理、历史、地理、化学、生物、思想政治中选择 3 门作为考试科目。

建筑学是一个横跨工程技术与人文艺术的专业，大多数学校除了要求报考生首选物理，对再选科目没有限制。具体院校的情况，以当年的招生要求为准。

不过，光学好高考所选科目是不够的，因为建筑学和其他专业有所不同——学这个专业需要有绘画功底。你可能会说，网上很多人说建筑学专业对绘画功底的要求不像美院那么高，进入大学前上一个月培训班就可以了。事实上，如果真等到那个时候再学就晚了。进入大学后，很可能班上其他人都有过这方面的训练，而你因为基础差，想追上去会很吃力。所以，**第三个准备是，尽量从高一就开始学素描，有条件**

的话可以从初中就开始学。为什么是素描呢？因为素描是提升美学素养最有效的办法。在这个过程中，你可以训练自己通过使用黑白两色来表现构图的能力，同时训练自己的空间感。这样未来进入大学后，你就能比较快地理解建筑中的尺度、大小等。

第四，选择合适的报考学校。如果你成绩比较好，建议你首选"老八校"，包括清华大学、同济大学、东南大学、天津大学、哈尔滨工业大学、重庆大学、华南理工大学、西安建筑科技大学。

选择"老八校"有几个好处。首先，这八所学校的建筑学专业都属于重点专业，师资力量雄厚，授课老师中不乏拿过国际大奖、对建筑有深入思考的人。其次，无论是实习还是正式求职，这八所学校的学生都更有可能获得一流设计院、设计公司、设计事务所的 offer（录用通知）。最后，这八所学校的历届毕业生几乎占据了国内一流设计院的半壁江山。如果你一参加工作，单位里的前辈都是你的师哥、师姐，那么你当然更有可能获得更多机会。

如果你的成绩不足以考进"老八校"，建议你可以选择"新八校"，包括浙江大学、上海交通大学、湖南大学、沈阳建筑大学、大连理工大学、深圳大学、华中科技大学和南京大学。这八所大学建筑学专业的名声虽然没有"老八校"的响，但行业认可度也非常高。

如果考进"新八校"对你来说也有一定的难度，那么建议你首选北京、上海、广州、深圳等一线城市的学校。这是因为建筑师需要具备非常开阔的视野，亲身接触好的建筑，不断和优秀的人才进行交流，而这些资源主要集中在一线城市。

第五，选择合适的学制。建筑学专业分为五年制和四年制，五年制学生毕业时被授予的是建筑学学士学位，而四年制学生被授予的是工学学士学位。此外，如果想报考注册建筑师考试，有建筑学学士学位的人毕业 3 年后就可报考，有工学学位的人则要毕业 5 年后才能报考。所以，你一定要优先选择五年制的学制，这样不仅能更完整地学习建筑学知识，毕业后的行业认可度也更高。

第六，在有了意向学校后，你可以利用课余时间，或者在高考后、出分前的一个月里，去意向学校实地考察一下。你可以去看看校园环境是不是自己喜欢的，了解一下学校的课程设计，向建筑学专业的师哥、师姐打听一下学习这个专业的真实感受。这样，你才能做出最恰当的判断，找到真正适合自己的学校。

当然，高中阶段你可以做的事情还有很多。比如，你可以去看建筑展，去参加有关建筑师的行业讲座，或者去所在城市大学的建筑系旁听课程。准备得越充分，你就能在前行的路上走得越从容。

　　走过高中阶段，接下来你要迎接大学生活了。你可能会充满期待，觉得终于可以迈进梦想的校园了；也可能会非常紧张，因为你看到网上很多人说进入大学，真正到了做设计的时候，才发现自己的想法完全不够用，而且很多想法早就被别人用过了。所以，我们特意请青山周平老师谈谈如何为自己补充创造的能量，从而更好地应对学业挑战。

如何利用学生生涯的身份转变期拓展自己

·青山周平

如果把研究生阶段也算在内，从高中毕业后，你会经历几个明显的身份转变期：第一，高中毕业到正式进入大学期间；第二，大四结束到大五开学期间；第三，大学毕业到研究生开学期间。如果你希望自己能在学生生涯有所拓展，建议你可以选择这几个转变期中的一个阶段，去进行 Gap Year（间隔年），也就是进行一趟长期旅行。即便旅行的时间没有那么长，也会对你非常有帮助。这是为什么呢？

高中阶段和大学阶段的学习非常不一样。在高中阶段，所有课业都有明确的答案；进入大学后，虽然有系统的课程安排，但你要自主学习，找到自己的兴趣点，然后进行深入的挖掘；而且，针对各种问题，你还要有自己的见解，能经过独立思考给出答案。所以，在进入大学前，给自己留出时间，把自己放到一个陌生的环境中，去思考自己感兴趣的是什么，非常有必要。

在大多数学校，五年制的建筑学专业学生都是前四年学习理论知识，大五开始准备毕业论文和设计。所以，在经历过前四年的学习后，出去旅行能让你有机会把所学的知识和自己在客观世界的真实感受联系在一起，从而形成自己的理解和思考。

我自己也是在准备毕业设计和毕业论文前，选择休学了一年去旅行。当时，我去了佛教、伊斯兰教和基督教的发源地，感受颇多。比如在西藏，我看到人、动物和自然之间形成了一种平衡和融合状态，它们共同构成了西藏的宗教以及人们生活的场所。在此之前，我只看过相关的书籍，对其理解非常单一。亲身看过、体会过他们的生活后，我才发现自己原来的理解有多么局限，才知道世界上存在着无数种可能性。而建筑设计，就是用建筑给大众提供另一种生活的可能性。

有了这样的经历后，我总是会对习以为常的事物和生活状态保持一种敏锐的思考，不断发问：真的是这样吗？还有没有别的方式？比如，传统的住宅设计都是三室一厅、四室一厅结构，因为过去的家庭结构大多是三口之家或者四口之家，父母与孩子住在一起。但随着越来越多的年轻人选择保持单身，以及越来越高的房价超过大多数人的承受范围，未来会不会有更多共享社区出现？那一年的旅行经历，就像一个原点，在未来源源不断地给我带来新的想法和视角。

本科毕业到研究生之间的变化就更明显了。本科虽然有实习，有毕业设计，但整体更偏向于理论学习。到了研究生阶段，你需要主动寻找课题进行深入研究，而这需要你有独立思考能力，可以形成独立的看法，并通过建筑设计将其表达出来。所以，选择在这个过渡阶段去旅行，对你研究生阶段的学习也非常有帮助。

不管你选择在什么时间节点去旅行，最重要的都是通过陌生的环境，对过往所学的知识和世界形成新的思考和看法，从而更好地积蓄能量，进入下一阶段。

请注意！这里有不读就亏了的补充内容（有点长，请耐心阅读，对你的学生生涯一定会有帮助）：

第一，青山周平老师建议，进入大学后，除了学习专业知识，一定要读建筑学的经典作品。要知道，建筑学是有其发展脉络的，凡是在历史上占据一席之地的建筑作品，都既有沿袭之前时代的部分，也有创新的部分。只有熟悉了建筑学的发展脉络，你才能知道自己所处的位置，以及自己可以创新的部分是什么。当然，还有一个更现实的原因，那就是工作后，你就没什么时间读这些书了。

第二，除了在自己的学校上课，你也可以去旁听其他学校的相关课程。因为每个学校的建筑系都有自己擅长的领域，比如有的学校偏向于理工，有的偏向于艺术，而其中的老师们对建筑学的理解和讲述也会有所不同。听听不同学校的老师讲同一门课程，有助于你从多角度去理解建筑学知识。同时，在这个过程中，你还有机会认识其他学校的同学，结识更多厉害的同龄人，更客观地看到自己的长处和局限。（安藤忠雄自学建筑期间，也采用了这样的方法哟！）

第三，建筑行业有一个普遍的建议，那就是尽可能读研。一是因为本科阶段学习的知识以理论知识为主，而建筑学是一个理论与实践并重的专业；如果读了研究生，你就能在这期间实质性地参与项目，获得更多实践经验。二是因为建筑学要学习的知识非常广，无论是建筑学专业的老师，还是行业里的前辈建筑师，都曾表示本科五年很难把所有知识都消化掉，只有经过研究生阶段的深入学习才能形成系统的理解。三是因为比起本科生，用人单位更倾向于招聘有实践经验的研究生。当然，如果你有机会出国留学，进入世界知名的建筑学院学习，也能为你未来的求职及职业生涯加分不少。

第四，实习时，如何能有更多机会留在实习单位？邵韦平老师说，一是要有优秀的专业设计能力。这么说可能有点抽象，来看几个例子：做设计时，不能凭着自己的感觉闭门造车，而要能明白团队的要求，做出符合团队要求的设计；面对规范方面的问题，能主动查资料，力求解决问题，或者带着问题去请教其他人。如果这些你都能做得很好，团队里的同事一定很愿意给你优秀的评价。二是要善于跟同事相处，有较好的团队协作能力。工作时，除了要很好地执行任务，你还要眼里有活儿；不能一直等着别人给你布置任务，而要能主动发现问题，提出问题，协助团队把工作做得更好。

看完这些内容，估计你对如何规划自己的学生生涯又清晰了很多。接下来要了解的，是如何选择工作平台。无论是实习前还是正式工作前，你都可以先参考下面的内容，考虑清楚自己究竟要选择什么样的平台。

找工作时，要重点考虑哪些因素

▌平台选择：重点看不同平台的工作方式

· 青山周平

很多人会根据薪资待遇、工作时间、休假制度等因素，来决定是去设计院、设计公司还是独立的建筑事务所工作。在我看来，考虑这些因素只是在外围打转，并未触及建筑师工作的核心。**你重点要考虑的，其实是不同平台的工作方式有哪些不同。** 建筑师要通过做项目获得成长、资源、经济回报等。工作方式不同，代表你参与项目的大小和参与程度不同，收获当然也就不同。

如果进入设计院或设计公司工作，你就有机会参与机场、国家大剧院这样的大型项目。因为身处大平台，所以在做项目时，你能调动顶级的设计师和材料供应商来配合你的工作；想咨询一些技术问题，或者想了解一下宏观的行业信息时，也有顶级专家可以请教，从而能迅速了解到核心信息。

但是，收获这些资源并不意味着你能得到全面的成长。

毕竟，你可能只是负责项目的局部工作，而其他部分的工作，比如和业主的沟通、项目合同的签订、施工期的协调、项目的验收等，你可能都没有机会参与。

如果进入独立的建筑事务所工作，你可能没有机会参与大型项目，资源也不如设计院或设计公司那么丰富，但你能参与项目全流程的工作。在项目初期阶段，你可以和业主沟通，做预算报价，和业主谈判并签订合同，从而迅速锻炼和业主沟通的能力以及谈判能力。在概念方案设计阶段，即便你是个新人，只要想法足够好，它就会有很大概率被采纳。你可以完整经历一个项目从建筑理念雏形，到最后成为一个可落地、可实现的设计方案的过程。到了施工阶段，你会和材料供应商、施工方等进行大量的协调工作。通过这些工作，你可以在短时间内获得比较全面的综合能力。

除了要考虑在不同平台工作的收获，**你还要考虑自己是想成为一个创意型、有个人代表作的建筑师，还是想成为一个稳定型、能把本职工作做好的建筑师**。如果是后者，那么设计院和设计公司可能更适合你，因为相对来说，这里更稳定，工作更多的是不同专业的人相互配合，完成标准化的服务。如果是前者，那么独立的建筑事务所可能更适合你，因为事务所不仅本身具备特定的建筑设计理念、风格和审美，在项目选择上也会有一定的倾向性。在独立的建筑事务所工作，你更容易和项目产生共鸣，也更容易设计出自己的代表作。

在选择平台时，你还要关注两个非常典型的问题。

第一，现在行业里很多平台会把建筑师分为两类：做前期设计工作的和做后期方案工作的。这样的平台下可以去吗？邵韦平老师建议，尽量不要选择这样的平台。因为这样机械划分建筑师工作内容的团队往往都不成熟，从公司决策层到骨干层，可能都没有对建筑师的专业形成全面、深入的认识。而且，这样的团队一般对质量要求不高，会对业主的需求应付了事，很难做出精品建筑。一直局限于做前期或后期的工作，你也有可能成为一个专业上"瘸腿"的建筑师，看似在一个岗位干了很久，但实际上每件事都没有做到位。

如果你加入的团队比较成熟，虽然大家有所分工，但团队一定会培养你在项目全流程上的素养，让你能站在整体的角度看待自己的工作。

第二，建筑师应该在同一类型的平台工作，还是应该在不同阶段切换到不同的平台工作？比如，是不是可以先在先锋的明星建筑事务所工作一段时间，再去外企或设计院，甚至去业主方工作？青山周平老师建议，你一开始就要想清楚自己希望成为一名什么样的建筑师。因为建筑师的成长是会受环境影响的，不同平台的工作方式和价值观会将你塑造成不一样的人，之后再想转变会非常困难。如果你希望未来能成立独立的工作室，有自己鲜明的建筑理念，建议你一开始就去自己认可的独立事务所工作。

除此之外，你必须了解的一个现实是，很多建筑事务所／设计院／设计公司都有跨国项目，很多时候建筑师需要跨国工作。当本国建筑项目减少时，这些平台也会向国外拓展项目，所以行业里很多建筑师也会跟随前往，甚至是独自前往其他国家寻求发展机会。

那么，在国内和国外工作有什么不同？如果你希望去国外工作，要注意什么？接下来，我们一起来看看，在中美两国都工作、生活过的刘晓光老师是怎么说的。

拓展选择：看个人职业目标和对环境的客观认识

· 刘晓光

如果希望去国外工作，首先，你要考虑清楚自己职业生涯的目标是什么。你是希望成为一名立足于本土的建筑师，还是成为一名更国际化的建筑师？这两者的发展路径是完全不一样的。如果你对个人职业目标没有相对清晰的认识，那么，不管最开始做了什么选择，你都可能会遇到一个困境——工作多年后，你想再进行一些调整和改变，却发现已经人到中年，为时已晚。

其次，你要对所去国家的建筑师职业特点有客观的认识，因为不同国家的建筑师工作状态是不同的，你可以做一些横向对比。拿中美两国做比较，在工作节奏上，中国相对较快，美国则相对较慢。比如，同样是一个博物馆项目，在美国可能需要做十年，在中国可能两年就完成了。所以，美国建筑师做设计的时间比较宽裕，中国建筑师刚入行就要进入高速运转的工作状态。

在工作内容上，美国大型设计事务所的建筑师分工明确、职责清晰，既有偏创意的建筑师和偏方案的建筑师，也有技术累积丰富、偏工程和执行的建筑师，这样建筑师就能解决设计落地过程中的各种问题，知道如何合理、高质量地把设计方案最终落实成一个真实的建筑。中国建筑师的定位相对模糊而综合，各个阶段的工作建筑师都有机会参与，各方面的能力都有机会得到发展，但每个部分可能都发展得不够深入和精细。

这也导致中美两国的建筑师在个人发展上呈现出了不同的情况。美国因为项目周期长，工作时间相对宽裕，建筑师可以更深入地研究、思考细节问题，基础会相对牢靠。但因为没有高密度地广泛接触各种问题，只是针对局部深入，所以综合发展比较慢，一般到职业生涯的中后期才能累积起全面的能力，迎来可能的爆发期。

相比之下，中国建筑师刚入行的几年成长会非常快，因为他们可以在较短时间内接触各种项目，能跟完多个项目周期，很快就能对建筑设计的各方面有所了解和累积。但从长期来看，因为工作节奏快、项目周期短、业主要求不高等常见原因，建筑设计和施工往往达不到很精细的程度，所以建筑师的基本功可能没那么扎实，也没有时间沉淀。而这导致的结果是，很多建筑师工作多年后发现，自己虽然资历很足，也做过各种建筑项目和不同阶段的设计方案，但哪方面都不够专精，进入了一种俗话说的"万金油"的状态。这时，建筑师想再深入做设计或者技术上的工作都会很难，在行业里也属于不上不下、进退维谷的状态，也就迎来了个人发展的瓶颈期。

当然，以上情况只能作为你考虑职业发展时的参考。因为随着国内建筑行业去泡沫化，回归常态化发展，国内建筑师和美国建筑师的成长差异也会逐渐缩小。

看完了如何选择平台，相信你心里已经有了初步的意向。那么去面试时，面试官会如何考核你呢？下面我们就来看看。

应聘时，平台主要考核哪些能力

· 刘晓光

在面试时，我们当然会关注面试者的专业能力，但这种关注背后其实还有一种隐性的考察，就是考察他未来的潜力。也就是说，我们看的不是面试者现在处于什么位置，而是他未来会达到什么位置。所以，如果你是刚毕业不久来参加面试的，我不会要求你有多高的技术能力，即便设计的房子功能不合理也没关系，因为这些都可以等进入公司后再学习、培养。

我最先要考察的，是你的审美能力，因为建筑师的主要工作是做设计，而审美能力是对设计最具制约性的因素，也是决定一名建筑师职业发展天花板的重要因素。而且，建筑师所需要的其他职业能力，比如工程技术能力、逻辑思考能力、理解能力、判断能力等，都是可以学习、训练的，审美能力却很难通过后天的学习来获得，它更考验一个人的悟性和天赋，并且往往会成为建筑师成长过程中最难突破的能力。

那么，要怎么评判一个人的审美能力和职业发展潜力呢？通常我会通过以下几个具体的角度来评判。

首先，我会看面试者的作品集和早期作品。通过作品集的版面设计，可以看出面试者对设计形式的敏感程度。此外，我还会看面试者在学生时期，甚至是更早期的设计和绘画作品，因为越早期的作品越个人化，越能反映面试者的基础和直觉。

其次，我会看面试者应用审美的能力。这方面的考察更综合，因为其中包含理性思考和逻辑思考的能力。比如，一面墙上有两扇窗户，当问到为什么要这样设计时，有的面试者会说是出于构图的需要，觉得这样好看；也有的面试者会说是出于功能的需要，这面墙后面是一个房间，人们会在房间里进行某种活动，需要在这里引入光线，而这又进一步产生了造型的机会。相对来说，后者对建筑形式就多了一些理性和逻辑思考。当然，我也会提一些更直接的问题，比如这个设计的理念是什么，你认为有没有什么需要改进的地方，等等。

再次，我会关注面试者的表达能力、理解能力，以及在生活和建筑设计之间建立联系的能力。在面试这么短的时间里，很难完全考察清楚面试者在这些方面的能力，但可以通过一些问题来辅助判断。比如，很多人会在简历上写自己的爱好，比如旅游、运动、摄影、电影、读书，等等。我一般会问：你的爱好对你要从事的职业有帮助吗？从回答中，可以看出他们如何认识事物之间的关联，能不能从其他事物中获得专业上的启发。

最后，如果面试者有留学经历，我还会关注他思维方式的切换能力。更具体地说，是关注他是否具有更多理性和逻辑思考能力。建筑师做的虽然是创意工作，但设计其实非常讲究合理性和因果关系，所有事都是环环相扣的，不能完全用发散性的方式解决问题。

为了深入了解面试者在这方面的能力，我会和他聊一些话题，看看他在理解事情时的思维方式是怎样的。此外，我也会着重看他们在英文简历中的表达，从中也能发现一些共同的问题。比较常见的问题是中文式的英文表达，每句话的语气、语境和文脉都是中文式的，所有内容都不过是用英语写出来的中文。这说明他们还停留在单一的中式思维层面，没有掌握多重思维工具，而这显然不利于他们深入了解不同文化，让自己得到更立体的成长。当然，如果面试者有良好的英文表达能力和英文阅读的习惯，也会为他的面试加不少分。

顺利通过面试后，你可能又会有一些担心：马上就要正式进入职场工作了，怎样才能表现得好一些？万一真的跟师哥、师姐说的一样，天天被上级领导和业主要求改设计怎么办？这时，你需要先在心态上做好准备，完成角色的转变，并且认清建筑师这个职业的本质。

工作前，要在心态上做好什么准备

▎角色转变：从被理解者转为理解别人

· 刘晓光

很多初入建筑师行业的年轻建筑师都觉得，自己在学校表现不错，进入职场后，肯定也能很快进入工作状态，发挥出自己的水平。但事实常常不是这样的。很多在学校表现出色，甚至是在名校名列前茅的人，工作后都会遇到不适应、能力发挥不出来的情况。据我观察，其中很重要的一个原因是角色没转变过来。

进入职场的第一件事，就是转变角色。 在学校里，你的角色是学生，而学生是主角，学校的所有教学都围绕着学生展开。你可以选择自己的设计题目，提出自己的设计概念，选择自己的表现形式，老师也会因材施教，根据你的构思提供专门的指导和建议，发表客观的学术性评论。这时，你是被理解的角色。

进入职场后，你会被分配到具体的项目团队中，工作形式是集体式的。这时，项目的概念方案是由别人提出的，而你做的都是局部的、辅助性的工作，更多的是充当执行者的角色。项目的主创建筑师会派任务、提要求，比如让你画项目里的道路分析图、城市空间结构图等。很多刚入行的建筑师会觉得，自己在学校学了五年建筑，难道还画不好这些吗？但问题恰恰就出在这里——很多人专业技能练得很好，但没法理解别人提出的要求，导致在工作中画出的图经常不是别人想要的。所以，你需要从被理解的角色转变为理解他人的角色，去理解他人为什么提出这个要求，只有这样才能把工作做对。

此外，工作中还有大量需要和同事协同的事项。你只有跟同事深入沟通，理解同事的思路，才能把自己的工作做好。

转变角色不仅能让你快速进入工作状态，还能帮你快速成长。在学校里，你学习的内容大多更偏重于概念表达，并不强调实操性。但在工作中，每一项具体工作都有实际意义，图纸上的每个线条都带有技术信息，需要另一种职业化的学习方式。比如，很多图纸要经过图面清理加工。这项工作貌似没有什么设计和技术含量，实际上你需要主动理解设计意图，从而知道这些线条哪些是重要的，是需要强调的，哪些是不重要的，是需要删减的，这样才能正确作业，并且有深度收获，而不是仅仅停留在完成表面的工作上。如果你有这种态度，就可以一边工作一边学习，当然也就能得到快速成长。

认识职业：被要求改设计，是必须直面的职业本质
·青山周平

很多建筑师在刚入行时都会有类似的困惑：为什么建筑师总是在为了满足业主需求或者符合法规而修改设计方案？建筑师难道不是一个充满创造性的职业吗？如果要为了这些原因不停地改设计，那建筑师的工作还有什么意义？

我觉得，这是所有建筑师都会遇到的问题，而且我相信，即便是安藤忠雄，也会面临被业主或者政府部门要求改方案的情况。所以，与其说这是一个问题，不如说这是建筑师必须面对和接受的现实。毕竟，我们就是在拿别人的钱做给别人使用的空间，而这种关系决定了被要求更改方案是必然会发生的事。

不过，虽然被要求改方案是必然的，但改的程度还是会有所差别。**首先，这跟你所在的平台有关。**比如，小张在一家不知名的小事务所工作，小李在一家国际知名的设计公司工作，那么，在与业主或者政府部门沟通，甚至在与其他专业的人员协调时，两人在设计方面的话语权肯定是不一样的。

其次，这跟你所处的职业发展阶段有关。 具体来说，新人阶段是被要求改方案程度最高的阶段，因为这时你刚入行，还没有经验，更多是在单纯地表达自己的设计理念，对建造成本、建筑后期运营、材料耐久性等问题都无法深入、全面地考虑到，所以业主会怀疑你的设计方案的实际使用问题，导致方案有可能被全盘否定或者被要求反复修改。而且在这个阶段，你在行业里没有积累，也没有作品支撑，对业内很多前辈来讲，你甚至只能被称为实习建筑师，而非建筑师。所以，你特别关注的建筑理念可能不够有说服力，在和业主、政府部门或者施工方打交道时，对方不会听你的，会质疑你的想法。刚工作就遇到这种情况，你可能会非常慌张，自信心也有可能受到打击，但你要清楚，这种状况不会一直持续下去，而是会随着你经验的积累、能力的增长、作品被大众认可程度的提高而得到改善。

当然，我这么说不是想让你接受现实，而是想让你在认清现实后，从刚入行就建立起自己的应对方法。那么，到底要怎么做呢？

在与业主、政府部门打交道前，要根据对方的情况，针对汇报方案、对方有可能提到的问题等做好充足的准备。 我自己就有过这样的经历。很多建筑师都做过商场类型的项目，做模型和效果图展示时，为了呈现使用效果，一般人会在里面放一些大家都知道的品牌的标志，比如星巴克、LV等。但是，我会在里面放上与业主有关的品牌的标志，比如业主旗下品牌的标志，或者业主竞争对手的品牌的标志——给业主一种项目做得很成功，对手也愿意进驻的感觉。这样来传达自己的设计方案，业主会产生很多感受和联想，也更容易接受建筑师的设计方案。

而在提出的问题上，业主方和政府方都不太会问建筑设计本身的问题，而是更关注其他问题。比如，业主方比较关心建筑的后期运营、建筑耐久性、使用功能、造价等问题，政府方更关注建筑设计方案和当地文化、历史的联结问题。如果建筑是玻璃顶，玻璃墙比较多，业主方可能会问你，建筑后期使用时会不会能耗特别高；如果是一栋白色建筑，业主方可能会担心建筑后期会不会脏，政府方可能会问建筑能不能和周围环境相融合。你可以针对这类问题，事先做一定的准备。

这样的准备会让你更自信。当然，并不是说做好准备，对方提出的问题你就都能回答上来，而是说在做好准备后，你能做到对对方说的问题心里有数，你会知道哪些问题是自己能沟通的，哪些问题是需要团队或者上级协助解决的。

当然，**你还要有意识地训练自己的应对能力**。遇到被业主要求修改方案、被政府部门挑刺的情况，或者跟施工方发生矛盾时，有些年轻建筑师的态度会比较消极，觉得自己的工作怎么老是不顺利。我其实非常能理解他们。自己花大量精力做的设计直接被业主或者政府有关部门否定了，心里肯定会不舒服。但我们要知道，在建筑师的工作中，方案被否定、被挑刺、被要求修改都是家常便饭。如果每次都消极面对，即便一个人很有能力、很有才华，久而久之，他对这个职业的热情也会被消耗怠尽，而这对推进项目以及实现自己的设计显然是非常不利的。

有消极面对的建筑师，自然也有积极应对的建筑师。每次遇到这样的问题，他们都会主动寻找解决办法。比如，有些人会特意训练自己在沟通中换位思考的能力。这种能力的起点是，你明白对方和你一样想把事情做好。所以，当对方提出自己的问题或者要求你修改方案时，你可以先承认对方的观点和需求，再用自己的设计逻辑和对方沟通，解决对方担心的问题，这样对方的接受程度就会高很多。

其实这样沟通的逻辑也很好理解。试想一下，如果你是业主，你花钱请建筑师做设计，但他给的方案中，有些地方不能满足你的需求，或者你不能理解，于是你告诉他希望更改这些地方，结果他直接否定了你的要求。这样一来，你的感受肯定非常不好。但如果建筑师先肯定你的需求，再和你沟通，你就会觉得对方不是在拿自己的专业压你，而是在跟你一起解决问题。

来看一个具体的例子。我曾经在陕西山里做过一个酒店项目，提交给业主的第一个方案看起来比较现代，没有明显体现陕西当地的传统文化。业主要求我修改，改成更传统乡村一点的感觉。但如果按照业主的要求修改，这个建筑和周围很多酒店会变得比较同质化，不太可能成为这个区域的亮点。当时我用的方法就是先答应业主的意见。但我并没有直接选择当地传统建筑的标志性元素，而是使用当地的土做定制陶片，将其使用在建筑的外立面上。这样建筑既有新意，呈现了这片土地的独特性，又解决了业主的问题，尊重了当地文化。最后，我用这一修改方案说服了业主。

我相信，你在工作中一定也能累积起自己应对这种现实的办法，而这个积极面对、不断寻找更好方法的过程，能让你更快地适应建筑师的身份并获得成长。

看到这里，估计你也看清楚建筑师必须要面临的现实处境了。据说只有电视剧里的建筑师，才会一毕业就有业主追着求设计，永远都不会遇到难搞的业主，更不会三番五次被要求改设计……在现实生活中，建筑师都是披荆斩棘一步步摸爬滚打成长起来的。

好，认清现实，调整好心态后，接下来就要进入正式工作环节了。

在这个阶段，你的主要工作是项目前期的辅助工作，集中在概念方案设计这一环节。在其中的解读任务书和确定设计原则环节，你主要参与的工作是解读任务书，去项目所在地做实地调研，对项目资料进行分析；在确定设计原则环节，你主要参与制作场地模型和形态研究等工作。

做这些工作时，会有经验丰富的建筑师带着你。当然，团队的主导者（主创建筑师）也会检查你的工作。怎样才能把工作做好呢？你需要完成两个核心挑战：第一，准确理解领导的工作思路，很好地执行分配给你的任务；第二，不能仅仅满足于做一个执行者，尽量在每项工作上都提出自己的想法。现在，我们正式开始从一项项具体的工作中攻破挑战吧。

◎正式工作

如何做好项目前期的辅助工作

▌解读任务书：通过字面内容看到潜在需求

·邵韦平

任务书是业主对建筑师的委托需求文件，上面会写明项目位置、项目定位和功能需求等内容。但你要注意，解读任务书可不是直接照着任务书做项目。业主不一定是专业人员，任务书上表达的内容可能会存在很多误区。所以在解读任务书时，你要能通过上面的书面内容看到业主的潜在需求。具体来说，应该怎么做呢？

首先，你要确认项目的刚性需求。刚性需求是法律法规中明确规定的条件，比如项目红线、消防规范等，这些都要无条件满足。比如，项目红线是指建筑用地的标线，这是一条不能逾越的线。如果建到红线之外了，房子建得再漂亮也属于违规建筑，政府审批时无法通过，设计就得修改。再比如，消防规范也是一项特别严肃的内容，如果忽略了，就有可能造成安全事故。业主通常不会把这些刚性需求全都写在任务书上，所以你需要根据项目了解相关规定，或者请教专业的法律工作者。

其次，你要识别不完善的内容，并对其进行补充。想做好这项工作，你需要站在使用者的角度思考任务书上的内容。比如，任务书上的功能需求只写了"做一个报告厅"，这就属于不完善的内容。要知道，开会不仅是一项工作，也是一种社交活动，人们肯定有等候的需求，有茶歇、交流的需求。试想一下，如果你是一个要去参加会议的人，一整天都坐在报告厅里，而那里没有任何活动和说话的空间，你肯定会觉得待得特别不舒服。所以，你需要给报告厅增加专门的等候厅，还有基础设施，比如卫生间、专供女士整理妆发用的梳妆间等。

最后，你要根据市场变化修正任务书。这项工作考验的是你的专业知识和对市场变化的认识。比如，这十年，机场的变化就非常大。过去，人们去机场都要先到机场的柜台换票、托运行李。后来，人工柜台变成了自动值机设备，机场前厅的格局发生了颠覆性的改变。但现在又有了新的变化——人们可以在网上值机，机场对自动值机设备的需求也没有那么大了；而很多乘客到了机场，就会直接去休息区，或者直接去购物。类似于这样的变化，业主可能并没有意识到，还在按照过去的经验写任务书,因此你就得对变化保持敏锐的观察,能根据最新变化对任务书进行修订。

对新手建筑师来说,想要修正、补充项目任务书的内容还是挺困难的。不过,青山周平老师给你提供了一个建议——要结合业主需求、项目定位以及市场环境等条件做这件事。比如,青山周平曾经解读过一家酒店的任务书,其中功能需求一项写的房间数量是14个。但他根据项目用地面积计算后发现,如果做成14个房间,房间数量虽然能满足业主的需求,但每个房间摆上床和供客人休憩的茶桌后,房间会变得非常局促,顾客体验肯定不会好。因此,他向业主建议做成12个房间。这样一来,虽然房间数量减少了,但顾客的入住体验能得到更好的保障,对酒店长期的运营来说也会更有利。

业主其实并不清楚建筑最终做出来是什么样子的,所以任务书上的需求只能说是一个初步需求,或者是一个大方向。业主找建筑师做设计,就是希望得到一些专业建议,由此让项目变得更好。因此,如果你有更好的想法,不妨跟业主沟通一下。

实地调研：发现不易描述的内容

· 邵韦平

即便有任务书，项目现场仍然会有很多细微的内容无法通过文字或具体的数字说清楚，所以建筑师需要进行实地调研。我把这些不易描述的内容大致分为三类：动态信息、对建筑有影响的信息，以及不易传递的信息。

第一类是动态信息，指人的活动、机动车的运行等信息。持续观察这些动态信息，可以从中找出规律性的内容。比如，如果参与的是交通枢纽站的项目，你就要观察项目所在地上下班高峰期人群的状态（是游客、过路的人居多，还是住附近的人居多），以及机动车的运行状态（如从哪条路来的车比较多，什么时间比较容易堵车等）。这些因素都会影响枢纽站出入口、承载量的设计。

这些规律性的内容，不可能通过一次实地调研就得到，需要通过多次、长期的观察才能得到。比如，当年贝聿铭设计玻璃金字塔时，在卢浮宫附近生活了三个月，每天持续地观察、记录卢浮宫周围的动态信息。当然，每个项目特点不一样，所需的观察时间和重点也不一样，但你得有意识地观察、记录这些信息才行。

第二类是对建筑有影响的信息，比如市政设施、建筑场

地中生长的树木等。市政设施就是为城市居民提供服务的构筑物，比如电缆、机电设备站等，设计建筑时必须避开它们。如果你在实地调研中发现场地里有一棵生长态势很好、已经存活多年的树木，就要评估一下它的价值：如果价值不高，又影响建筑的功能运行，可以将它移走并栽种到别处；如果价值很高，比如树龄上百年，算是古树了，就不能影响它的生长，建筑就得避开它，或者在设计时给它留出一个可以健康生长的空间。北京城市副中心枢纽站在建设时就遇到了这种情况。最后，建筑师在不移动树木的同时，特意在它四周挖了凹槽，对它进行保护。当然，把树木作为景观也是一个很好的选择。比如，现在很多民宿就是根据树木的位置来四面围合设计建筑的。春天树木会发芽、开花，院落里一地落花；夏日树木成荫，人们可以在树下乘凉，还可以在树下布置桌椅聚会。

第三类是不易传递的信息，比如场地尺度。建筑是由城市周边道路围合的，周边道路有宽有窄，有的可能是城市干道，有的可能只是弯弯曲曲的小路，这些信息都需要你亲自去观察和感受。有一次我带学生做设计作业，去北京朝阳公园和大望路交叉口处的一块空地做实地调研。去之前，只看网上的图片，学生们觉得可以做一些小型、比较有趣、造型感比较强的建筑。但直到实地调研时站在那个场地上，他们才发现原来场地的尺度那么大，于是把设计想法调整成做一个大的、开放的空间，让人们愿意聚在这里进行社交活动。这些不易传递的信息属于隐性信息，只有自己亲自看过、观察过、体验过才能得到。

在实地调研阶段，青山周平老师还建议，**要注意项目所在地周围环境在不同时间段的变化**。因为建筑会长久地存在下去，如果只根据某个时间段的调研信息做设计，就无法保证建筑在其他时间段的效果。

你可以格外注意以下三点：

第一，不同时间段的气候变化。比如，银川夏天的风力一般只有两三级，但到了冬天，当地的西北风经常能达到四五级。如果你在银川做项目，就要避免开窗太大或大面积使用玻璃。

第二，不同季节的温度变化。比如，北方四季分明，除了要考虑房子的朝向和采光，还要考虑窗墙比，因为如果窗户设计得太小会影响通风，设计得太大则会破坏建筑的保温性。

第三，一天中不同时间段的光线变化。不同的光线环境也会影响建筑带给人的感受。比如，在商业区做商场设计，白天商业区没有灯光，光线环境相对简单，你觉得设计一个设计感复杂的建筑没有问题。但到了晚上，这里可能就变成了五光十色的商业街，在如此复杂的光线环境中，反而可能要考虑简单的设计，让建筑在复杂的环境中得以凸显。

另外，青山周平老师还有一个方法——在调研的场地上构思未来空间会呈现出的氛围。比如去调研时，你可以站在项目所在地构思未来的人们会如何使用这个空间，这些由环境引发的构思，都可以成为你调研的材料，被运用到未来的建筑设计中。

实地调研结束后，你要回到工作室，对所有与项目有关的资料（一般包括项目所在地的历史背景、项目的地理环境、项目使用人群等）进行分析。可是，面对这么多资料，具体该如何分析呢？有什么方向？下面来看看邵韦平老师的建议。

资料分析：找到展开设计的机会

· 邵韦平

很多建筑师会把资料分析当成单纯地处理资料，但如果这么做，你就有可能错失展开设计的机会。事实上，很多有经验的建筑师都是在这一步找到了设计的关键方向。所以，资料分析的核心，就是通过分析资料，找到你能展开设计的机会。

想做到这点，**在心态上，你要有意识地超越传统**。在做这项工作时，一定不能照本宣科，完全按前人的经验来，不能别人把建筑设计成什么样，你也设计成什么样。当然，超越传统也有具体的方法——在对同类型建筑进行资料分析时，你可以对它们的共同点进行分析和总结。

比如，设计首都国际机场 T3 航站楼时，设计团队对既有的机场的设计进行了分析。大家发现，大部分机场都是以纯功能为导向的，单纯是为了解决乘客出行和抵达流程的问题。于是设计团队决定，要把 T3 航站楼的设计切入点定在缓解乘客出行压力和营造令人愉悦的出行体验上。之后，设计团队在沿途多处巧妙植入了人性化的建筑细节。乘客乘坐出租车抵达 T3 航站楼时，首先看到的是一个超大的、感觉非常震撼的挑檐；进入大门后，映入眼帘的是一片开阔的场地，其中有值机岛和服务区；从扶栏往中庭看，可以看到商店和熙熙攘攘的人群……这些设计让乘客在机场的体验变得非常丰富。而且，设计团队把机场动线设计为从高向低，因为人从高处往低处走时，不用克服重力，会感觉比较轻松。此外，为了有更好的观景效果，外立面还做了全景式玻璃幕墙，只需抬起头，乘客就能看到远处飞行中的飞机和变幻无穷的天空。

在做法上，你要能转换思路，找到创新的机会。任何建筑项目都不可能只存在优势，一般都会有限制建筑师发挥设计能力的局限。如果无法避免这种局限，你可以试着转换思路，把局限变成特点。我现在所在的办公楼就是一个典型的例子。这栋大楼是由一栋年久失修的老旧建筑改造而来的。入驻前，我们在对这栋楼进行资料分析时发现，走廊净高只有 2.2 米高，加上天花板之后，只会更低，而这会让人感觉非常压抑。于是，我们在走廊的天花板处使用了发射镜面材料，通过镜面扩展室内的空间感，让人体验到超实际高度很多的宽松的感受。

请注意，这里要给你一个重要提示：青山周平老师建议，在进行资料分析时，你还可以把视野扩展到项目外的资料上。因为很多时候，建筑设计的灵感并不来自与项目有关的资料，而是来自外部环境。一位艺术家的雕塑作品、大海扬起的海浪、一首令人愉悦的音乐作品，甚至一块石头的造型，都有可能会引发你的设计灵感。

青山周平在设计热河森林温泉中心（项目化名）项目时，灵感就来自他在热河山谷中行走的经历。在山谷中行走时，周围光影婆娑，阳光忽明忽暗，林中的声音也变幻无穷——有时会传来啾啾的鸟鸣声，有时又会传来清脆的水流声。大自然丰富的变化，以及静谧、舒适的体验，给他留下了深刻的印象。最后，他将这种体验融入这个项目的设计理念中。

你可能会觉得在新手阶段做到这一点有些困难，但别着急，这是一个缓慢累积的过程。正如柏拉图所说，"美存在于观者的眼中"。当你的眼中储存了足够多的美，在进行资料分析时，你就会自然而然地将自己眼中的美融入设计理念。

场地模型：学会判断是关键

· 青山周平

在制作场地模型时，很多刚工作不久的建筑师最关注的是场地模型做得好不好看。在搜索引擎中输入"场地模型"这一关键词，搜索出来的内容也大多是选用什么材料、如何黏合、如何把场地模型做得精致等。这会让人误认为做场地模型需要的是制作能力。实际上，做场地模型最需要的是判断能力。至于该如何做出判断，我提炼了三个要点。

第一，要根据环境中存在哪些影响建筑设计的元素，来确定场地模型的内容。比如，在由里民宿（项目化名）的场地模型上，你可以看到，我把民宿远处的河流和民宿背后的马路都体现在里面了（见图 2-2）。远处的河流会让我在做设计时考虑建筑物的视野，背后的马路则会让我考虑建筑的私密性。河流、马路都是环境中存在的影响我做建筑设计的元素，如果忽略它们，场地模型的信息就不完整了。

图 2-2　由里民宿场地模型

图片来源：B.L.U.E.建筑设计事务所

第二，要根据项目的特点，来确定场地模型的比例和尺度。模型可以按 1∶300 的比例来做，也可以按 1∶500 的比例来做。比例大了，场地模型做大，就会花费很多时间；比例小了，模型做小，又会看不清建筑物。尺度选得不对，就可能会导致有些地方无法完整体现，或者有些地方做得过于精细。

所以，你要根据项目特点来做出判断。如果项目建在空旷之处，周围没有什么建筑、道路交通等和项目发生关系的元素，场地模型就不用做得很大；如果项目建在肌理比较复杂的城市里，或者是像民宿这样需要重点考虑周围景观的项目，场地模型就需要做得比较大。除此之外，还要考虑制作和放置模型的空间。如果时间充足，空间也很大，你可以做一个大的场地模型；如果时间很少，空间也很小，还要把模型做得很大，那就是自找麻烦了。

第三，要判断使用什么颜色的材料来制作场地模型。颜色的选择和视觉上是否好看关系不大，主要是为了让建筑项目和周围的建筑、自然条件以及道路交通等形成关联和对比。如果建筑是白色的，周围的建筑物和道路就应使用其他颜色。

制作场地模型一方面是为了供自己做设计时研究使用，另一方面是为了向业主做项目汇报或者向政府部门做项目介绍时使用。业主和政府部门相关工作人员不仅要看到建筑本身，还要看到建筑周围的环境及其会对建筑项目产生什么影响。因此，建筑师要有很好的判断能力，只有这样才能制作出内容完整、大小合适、一目了然的场地模型。当然，不仅是新人建筑师需要增强判断能力，有经验的建筑师也要不断思考，从而让自己能更准确地做出判断。

▌形态研究：不断探索建筑的新创意

·青山周平

在设计建筑前，我们需要研究建筑的形态，因为只有这样才能确定建筑大概会建成什么样子。通常来说，建筑师会

使用便于制作的材料（如泡沫材料）来开展这一工作。我们
会将材料做成不同大小、不同形状的体积块，以此代表建筑
的形态。比如，3000平方米的美术馆，既可以做成一栋建筑，
也可以做成两栋建筑，还可以做成围合起来的四栋建筑，甚
至可以做成十栋建筑；在造型方面，既可以选择新奇、夸张的
外形，也可以选择规规整整的方盒子外形。建筑师会用不同
大小的体积块搭配组合（见图2-3），不断尝试建筑的形态，
并最终确定建筑的设计方向。

据我观察，在做这项工作时，新手建筑师普遍会出现两
种问题：一种是过于考虑现实条件，将建筑形态做得规规矩
矩，毫无新意；另一种是过于天马行空，做出一种不可能实
现、没有意义的形态。为了避免你也出现类似的问题，我把
形态研究的正确步骤和方法梳理了出来。

图2-3　形态研究

图片来源：B.L.U.E.建筑设计事务所

刚开始时，你要敢于试错。形态研究的目的，是通过不断尝试探索出建筑形态的大方向。在这个过程中，你需要有新的创意、新的灵感，并最终做出有新意的项目。而这些富有新意的想法，都是通过不断试错探索出来的。当然，有效的试错也需要一定的方法。我常用的方法是，先不想太多，让自己在一天之内做 10～15 个形态模型。

为什么使用这一方法？主要原因是人在想太多的时候，一方面会犹犹豫豫不敢试错，另一方面会陷入惯性和逻辑性思维不可自拔，以至于很难做出有新意的形态。不断动手的过程，就是切断自己惯性和逻辑性思维的过程。就像画家全神贯注地画画时，会在不经意间出现神来之笔一样，你也可能会在不断动手的过程中做出之前完全没想过的形态。

做完形态模型后，你可以把做好的所有模型摆成一排，尝试从不同的角度观察。比如，一个模型从正面看没什么意思，但如果把它倒过来看，就可能会发现很有意思的内容。你也可以用不同的方式来排列组合这些模型。比如，单独一个形态模型看起来没什么新意，但两个模型组合在一起后，就可能会变得富有张力和感染力。这个探索的过程能让你看到不同形态的可能性，也能在很大程度上提高你做出有新意的形态的可能性。

探索、试错只是形态研究的过程，最终的目的是通过这个过程确定设计的大方向。如何确定呢？可以从项目所在地的规范、规划、功能需求、使用性、经济性等方面来判断所做的形态模型是否合理。比如，规范、规划方面，要看是否符合疏散距离、疏散方向、消防分区等要求；功能需求方面，要看是否能满足甲方提出的面积、使用需求等；使用性方面，要站在使用者的角度，考虑按照这个形态建成的建筑空间在使用上是否存在问题。

当时研究由里民宿的形态时，由于缺乏经验，我们工作室的年轻建筑师将其形态做成了三栋分散的建筑。从使用者的角度来看，这就很不合理，因为来住民宿的人肯定带着行李，而拎着行李走到其他楼会非常辛苦。

此外，在做判断时，还要考虑经济因素，也就是业主的运营成本和建造成本等。判断形态是否合理的所有依据都要一一进行检验。只有经过层层判断，才能确定实际建筑形态的大方向。

恭喜你，到这里，你已经通过职业预演了解了新手建筑师的主要工作。但是在实际工作中，如果你真的想在新手阶段就在专业上获得同事的尊重和前辈建筑师的认可，你还需要在以下几个方向不断精进。

第一，提升画图能力。建筑师都是通过图纸来表达自己的想法，大多数新手建筑师认为自己已经画得很好了，但实际上还远远不够，设计图交上去后大概率会被反复要求修改。

第二，要对建造有一定的概念。很多新手建筑师画的图纸酷炫无比，实际建造出来却平庸寻常，甚至可以用割裂来形容。

第三，增强尺度感。很多新手建筑师都存在尺度感不够的问题，设计的楼梯让人走得不舒服，设计的空间让人感觉很压抑。

第四，要对建筑形成系统性的理解。很多新手建筑师对建筑的理解都是碎片化的，于是在做设计时难免会出现考虑不够周全、设计表达不够完整的情况。

接下来，我们就围绕着这几项能力逐一突破。

如何精进工作能力上的短板

▋画图要点：信息传达清晰准确

· 青山周平

对建筑师来说，画好图纸十分重要，即便是建筑大师，也会对画图能力精益求精。很多刚入行的建筑师很仰慕建筑大师的画图能力，期望自己能不断磨炼技术和能力，不断接近大师的水准。但我在实际工作中发现，很多人苦练技法，却忽略了画图纸最基础也最核心的一点——**信息传达要清晰准确。**

图纸是传达信息的媒介，好的图纸就像好的说明书一样，清晰、准确而又简洁，让人一看就明白要传达什么信息。你可能会觉得这听起来挺简单的，不就跟"把话说清楚、把事弄明白"一个意思吗？但实际上，要把图纸画成这样可不容易。新手建筑师在这方面踩的坑、犯的错，就像乔布斯在做出简洁、革新的 iPhone4 之前漫长的经历一样。下面就来看看他们常犯的错误究竟有哪些。

错误一：表达目的不清晰。常见的原因有两点，一是色彩繁杂，画面混乱。比如，一张图纸上有墙体、门、楼梯等元素，新手建筑师在画图时分别使用了不同的颜色来表示。如此多的颜色出现在同一张图纸上，只会让图纸画面看起来很混乱，让人不知道从哪里看起。二是主体不突出。比如，要画一张表示插座位置的图纸，但是插座尺寸却画得很小，看图纸的人必须非常仔细才能看清楚。

如果是有经验的建筑师画图，首先，他会让画面保持清晰、简洁，颜色保持统一；其次，他会突出主体，将表达的目的（如插座的尺寸）画得足够大。这样，看图纸的人一眼就能看清楚。

错误二：图纸上没有重点。比如，一张图纸上有墙面、桌子、沙发和阳台，新手建筑师却用同样的线型来画不同的元素，而且所有元素的尺寸大小也一样。这样，看图的人就没法搞清楚这张图纸要表达的重点是什么。

如果是有经验的建筑师画图，他会通过颜色、线条、尺寸对比和信息标注等，表明图纸表达的重点。首先，他会在墙面的位置用颜色填充来突出重点。其次，对于结构、墙体、不能移动的固定家具等比较重要的元素，他会用深色粗线型表示；对于可以移动的家具，则用浅色细线型表示。再次，在尺寸的表达上也会有所差异，建筑轴线、结构等比较重要的元素用大尺寸表示，家具、门洞等不太重要的元素则用小一点的尺寸表示。最后，有经验的建筑师还会在图纸上标记哪个部分是房屋结构，哪个部分可以移动，哪个部分不能移动。

错误三：图纸上出现无用信息。图纸的目的是传达信息，每一个信息都要保证是有用、有效且可参考的。比如，新手建筑师经常把图纸上所有位置都标记好尺寸信息，但其中有很多是无用、无效、不可参考的。当这样的信息出现在图纸上时，看图人的判断就会受到影响。

如果是有经验的建筑师画图，他会对图纸上每一个尺寸、每一个数据的标注进行反复思考：这个信息是否准确、有用、可供参考？在一些特殊的位置上，他还会特意标注尺寸，提醒看图纸的人注意此处。这样，看图纸的人就能快速、准确地获取所需信息。

以上问题，归结起来都是信息传达不清晰、不准确。如果想要把信息传达清晰、准确，除了反复修改图纸、向有经验的建筑师学习，在画完图之后，你还要站在看图人的角度进行审阅。当你能从客观角度看到自己的问题时，离度过这个阶段也就不远了。

刘晓光老师说，新手建筑师画的图纸主要涉及概念方案设计、深化方案设计、初步设计和施工图设计这四个阶段（每家设计院、事务所、设计公司的情况可能会有所不同），一般会使用 CAD、Rhino、Revit、Maya 等软件画图。因为涉及的图纸较多，你可能会很难抓住重点，所以这里特意说明一下每个阶段图纸的重点都是什么。

概念方案设计阶段的图纸，主要是为了呈现建筑师的设计意图，让业主知道自己的项目大概会建成什么样子，最终让业主和建筑师在设计方向上达成共识。所以，这个阶段的图纸，要通过不同色调、元素和空间关系等，呈现出建筑建好之后的效果，让图纸像电影画面一样，一下子就把看图的人吸引住。

深化方案设计阶段的工作重点是从技术角度看房子设计得合不合理，具不具备建设意义。所以，这个阶段的图纸有两个重点：第一，要把图画细、画对。比如，在概念方案设计阶段，房子的外墙用一根黑线表示就可以，但到了这个阶段，就需要具体到房子的外墙有几层，相应地要在图纸中用几根线表示清楚。第二，要表达清楚建筑师的设计意图，即设计思路，否则接下来的工作就容易走形。

初步设计阶段的图纸，主要是为了指导下一步施工设计。所以，房子里重要的信息，比如设备、景观等，都需要按照房子建好后的标准，准确无误地呈现在图纸上。

施工图设计阶段的图纸，要把房子涉及的所有内容都准确地表达出来，用以指导施工单位的施工工作。同时需要注意，按照国家法律法规的规定，进行施工图设计需要具备相应的资质。也就是说，如果你在没有资质的平台工作，就无法参与这部分工作图的设计。但即便如此，你也要清楚地了解施工图设计的工作。（施工图设计的工作，在"进阶通道"部分有详细介绍。）

弥补差距：深入了解建造原理

· 邵韦平

很多缺乏经验的建筑师画的图纸都看着很炫目，房子建出来却和图纸有很大差距。于是，有的建筑师会抱怨，说这是业主不支持，或者施工单位不配合导致的。还有的建筑师会说，这是因为自己所在的平台没有资质，施工图交给了有设计资质的机构来做，以至于自己对这个环节完全无法把控。其实这些都不是核心原因。据我观察，最重要的原因是建筑师不了解建造原理，导致画图时没有充分考虑到细节问题。

想深入了解建造原理，必须多观察细节。以最普通的门为例，很多新手建筑师在图纸上画的门就是一个方块，最多有一个开启的半径。试想一下，如果把这样的图纸交给施工方或者画施工图的机构，对方能完全理解吗？事实上，门的细节非常多。门要隔声，就得保证密闭性。怎样保证密闭性呢？门和门框之间要有契口，还要有压边。门要有合页，普通合页是双面打开的，日本的合页则是上下轴式的，类似于冰箱的合页，这样的合页让门的受力更合理，门的使用寿命也随之延长。门还得有门锁，以前的门锁都得配钥匙，现在开始大量使用密码锁。这些细节都得深入观察后才能知道。

此外，还要多观察影响建筑效果的材料交接细节。比如，窗框和隔墙之间一定要留缝。首先，留缝可以形成一种装饰感；其次，不同材料连接时会产生变形，留缝可以把变形的材料隐藏在里面。又比如，窗户和墙交接地方的处理方式。因为窗户的厚度和墙的厚度不一样，墙角会露出来，过去这些部位是用传统的抹灰方式处理的，不仅做工粗糙、不美观，墙角也得不到保护。好的做法是用与窗框相同的材料做成窗套，直接把墙角收在里面。这样窗套和窗户就形成了一个整体，既保护了墙角，又保证了美观。

只有经过长时间的观察和积累，才能了解清楚这些建造原理。所以，一开始不懂不要紧，但你要清楚，设计与建造之间发生割裂的原因是什么，以及自己该往哪个方向努力才能改善。

其实，要想了解建造原理，除了在生活中多观察、多积累，多和各专业的人交流也很重要。在"进阶通道·如何协调各专业人员配合自己的工作"的部分,你可以详细看到自己会和哪些专业的人合作,他们分别负责什么工作。这里建议你继续往下看,先把新手阶段的能力短板攻克。

理解尺度:让空间的尺度匹配人的尺度

·刘晓光

刚开始工作时,你做的都是一些局部和细节的设计。但你会发现,这样的设计其实很难做好,往往会不断被要求做出调整。比如设计楼梯,你可能经常会出现设计的楼梯高度过高或者坡度不对的问题,让人走起来不舒服。之所以会出现这些问题,很大程度上是因为你只是在图纸上做设计,没有把人的切身体验放到建筑设计中,没有做到让空间的尺度匹配人的尺度。

以人的尺度定量建筑,是做设计时必须要懂的一个重要观念。当年我在清华大学读书时,老先生们都会身体力行,反复强调这一点。这些老先生在生活中是自带量尺的。他们会用手脚去丈量走过的台阶有多宽、多高,记录体验,并如数家珍般援引为例,用自身的感受去说明为什么这个楼梯走着舒服一点,那个走着吃力一点。可以说,他们随时随地都能把具体的人放进建筑设计中。

　　传统的度量方式也很直观地体现了这一点。比如，英尺就是以成年男子单脚的长度作为单位尺寸的。当用英尺标注建筑的长度、高度时，你可以直观地将建筑尺度跟人的身体尺度对接上。东西方的建筑师都非常注意这一点。在梁思成绘制的河北省正定县文庙的平面图（见图2-4）中，你可以看到，除了建筑，他还在里面画了一个人，借以建立一种尺度感。

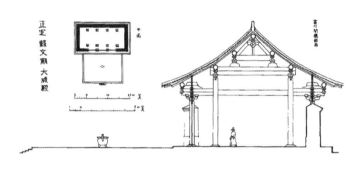

图 2-4　梁思成绘制的文庙平面图

　　从传统园林的角度来说，中国园林和日本园林一个很大的区别，就在于人的体验不同。日本的园林是精神性的、出世，枯山水代表的是彼岸，属于另一个世界，游客要止步，要在静观中思辨。中国的园林则是入世的，邀请人进入，并引导人在游走中体验。二者虽然理念不同，但都是基于个体的体验进行设计，尺度感是类似的。又比如，颐和园是大山大水的格局，但建造者会沿湖建一条长廊，供人游走体验。

这么一条长廊，就把开阔的景象拉回到了人的尺度，纳入了近人的空间。

尺度感对城市空间意义重大，影响着一个城市的气质和态度。比如，北京的城市尺度是宏大与细微并存。走在北京的长安街上，人们常常会觉得自己跟周围的环境没有关系，因为马路太宽，楼太大，人太小。这条路并不是根据人的日常体验来规划的，因此缺乏人的尺度和生活气息。然而，进入胡同又是一种强烈的对比的体验。上海租界区的老街道则是另一种空间尺度和氛围。比如长乐路，街道宽度适宜，两旁有生长多年的树木，绿荫成林，人走在这里会感觉很舒服，人和周围的房子也似乎有一种很亲切的联系。日本京都以及一些传统欧洲城市也是这样的，街巷尺度都不大，甚至很狭窄，房屋也是旧式样的。人走在其间，会觉得周遭一切都与己有关，怡然可亲。这些街巷能做到这一点，是因为它们大多是自然形成的有机空间，更符合人的尺度。

建筑是围绕人的体验来设计的空间。建筑师对尺度感的把握，会使人产生不同的体验。一个高大的建筑空间可能会使人觉得渺小，也可能使人感到崇高；一个矮小的建筑空间可能让人感觉亲切，也可能让人感觉压抑。所以，你不仅要有运用尺度的技巧，还要有因时、因地、因人运用尺度的能力和智慧。真正的建筑设计也是从这一步开始的。

尺度培养：进行反复刻意训练

·青山周平

工作中，很多年轻建筑师会羡慕有经验的建筑师，因为说到一个窗户开多大、一个走廊做多宽、一个开间设计成几米乘几米，他们马上就知道设计出来是什么感觉。但是，这种尺度感不是短时间内能锻炼出来的，而是需要有意识、有方法地反复刻意训练。

方法一：你要养成随身携带尺子，随时测量尺寸的习惯。包括我在内的很多建筑师都会在包里随身携带卷尺，到了自己喜欢的酒店或者空间，就会去测量一下相关的尺寸，接着再把空间的平面图画下来。因为只有这样，你才能对一个空间建立起基本的认知。而在这种认知建立起来之后，当业主和你说他需要做一个200平方米的酒店时，你大概就能换算出每个房间有多大，人住在里面会有什么样的感觉。如果不知道怎么进行这种换算，你根本没法和业主继续沟通，也就不知道该怎么开展设计。

方法二：你可以记住一些标准尺寸。这里的"一些"是指你身边熟悉空间的尺寸，比如你房间的尺寸、你办公室的尺寸、你经常去的某些空间的尺寸，或者你熟悉的一些知名建筑的尺寸。记住这些尺寸后，你在工作中就有了可以对标的尺寸标准。比如，你的房间有20平方米大，高度为3米。当业主和你说希望把办公楼的会议室设计为 100 平方米时，你马上就能套用自己房间的尺寸标准，知道大约有 5 个自己的房间那么大。这样一来，你后面跟业主的沟通就不是没有任何概念的讨论了。

方法三：运用你的感受。你可以观察空间中的各种因素对感受的影响。比如，如果一个空间的天花板比较高，你会有什么样的感受？如果天花很低，你又会有什么样的感受？你还可以观察，除了天花板的高度，两边墙的宽度和高度对你的感受有没有形成影响？如果天花板非常低，两边的墙又相隔特别远，就形成了一个狭长的空间，人在里面会有一种压迫感；但如果天花板很高，两边的墙也相隔很远，人在里面会有一种肃穆感或者空旷感。这些感受，都可以让你清楚地知道自己画下的每一笔会给使用者带来怎样的感受。当然，如果在体验的过程中遇到尺度处理得非常好的空间，你也可以把它的天花板高度、墙的宽度等尺寸记下来，运用到自己之后的设计中。

通过以上方法进行训练，你可以获得一定的尺度感，但在具体运用时，你仍然可能会难以把握细微之处。这时该怎么办呢？你可以运用**方法四：根据设计需求，进行场景模拟。**

在进行胡同改造项目时，我用的就是这种方法。胡同里的房子尺寸都比较小，所以对尺寸的要求比其他建筑更加严格。如果是在几千平方米的空间中，尺寸有 5 厘米甚至 10 厘米的误差，使用者不会有特别明显的感受；但在胡同里的房子中，如果尺寸有 10 厘米的误差，人就基本没法使用了，住在里面会感觉非常不舒服。所以，当时在设计前，我们在工作室模拟了人的生活场景。对于人进行吃饭、睡觉、起身等活动时感觉舒服的空间高度，我们都进行了实际的测量，并以此来确定最终设计的尺寸。

尺度感最终还是人在空间中的感受，无论你用什么方法学习，其实都是在一步步地尝试、探索、研究什么样的尺度最适合人的活动。这也是我们做设计极为核心的一点。

┃学习设计：在图纸上模拟体验

· 青山周平

很多人觉得学习建筑设计，除了不停地做项目积累经验，就是多看建筑大师有名的案例图片和建筑画册，从中学习、体悟。这样的方式听起来好像没什么错，毕竟多看、多学、多练是大家对于学习成长一贯的认识。但我觉得，只是通过视觉化的方式看建筑，只能看到建筑表面的设计风格、外立面颜色、空间装饰等,很难深入学习建筑设计。想深入学习建筑设计,我有一个使用多年的方法——**进入平面图中,边看边模拟体验**。怎么模拟体验呢?拿我在承德热河做的森林温泉中心的平面图(见彩插图 6)为例。

最开始,你要在脑海中把自己缩小,具体缩小到多大呢?可以参考宫崎骏的电影《借东西的小人阿莉埃蒂》里身高只有 14 厘米的阿莉埃蒂的形象。当你利用想象力把自己缩小到阿莉埃蒂那么大后,就可以把自己放入森林温泉中心的平面图中:你会从入口处进入休息室,想象自己在这里存包、办理登记。接着,你漫步至大堂,沿着大堂的右侧行走,沿途经过儿童乐园、温泉池、卫生间、女士更衣室等。每经过一处,你就要在脑海中想象自己会如何使用这些设施,来温泉中心的客人又会如何使用它们。同时,你还要思考,建筑师为什么会把每个小功能区均匀分布在动线设计中,这样做会给使用者带来什么感受,它的动线设计有什么特点,等等。

这种方式可以让你像到访实地建筑空间一样,能更深入地理解建筑师的设计思考,从中体悟学习。比如,森林温泉中心的动线是循环动线设计,在动线上分布着小型的功能空间,辅以丰富的绿植,这是为了让使用者在行走或使用温泉中心的空间时,体验到丰富无穷的变化,同时在泡温泉的间隙,更便捷地使用温泉中心不同的功能。

当用这样的方式看过大量平面图后，你会形成自己对好平面图的判断。比如，在使用这一方式看了十多年平面图后，我认为好的平面图标准是：空间布局、动线设计清晰，在模拟体验时，可以感受到建筑师对使用场景的思考。

除此之外，大量看平面图会训练你把实体建筑空间和平面图相互转换的能力：在看建筑空间时，你可以把建筑空间转换为平面图；在画平面图时，你也能想象到自己画下的每一笔，最后成为实体建筑空间的样子。

打牢根基：建立自己的建筑思维

· 青山周平

建筑涉及的知识、技术非常复杂，建筑师需要有能力从这些复杂的内容中找到贯通的规律，做成具象、有个人思考的建筑空间。支撑这种能力的根基不仅仅是经验，更核心的是建筑思维。所以，对新手建筑师来说，有意识地建立建筑思维非常重要。

如何建立自己的建筑思维呢？你最容易想到的可能是看书，比如看有关建筑史、画图、材料学等方面的书。再往深一点，你可能会想到建筑是工程和人文的结合，所以要看人类学、哲学和社会学方面的书。但这些都是最基础的部分。**想要建立建筑思维，最重要的是去看真实的建筑。**

建筑界公认的大师作品是一定要看的。从哪里看起呢？首先，你要了解建筑师对建筑的思考，比如一个建筑和当时的时代是什么关系，它的设计理念是什么。其次，要看建筑整体的外观，看建筑和它周围场地的关系。最后，要看建筑的细节，比如材料和材料是如何衔接的，空调的距离是什么样的，等等。

举个具体的例子。如果到了巴黎，要去看贝聿铭的卢浮宫玻璃金字塔，你首先要了解贝聿铭为什么会在那个时代做玻璃金字塔，玻璃金字塔和巴黎这座城市有什么关系，玻璃金字塔和卢浮宫有什么关系。然后，你要看玻璃金字塔的细节，比如为什么贝聿铭不用大的钢结构做支撑，而是采用金属棒做系统支撑，这样做的好处又是什么。

除此之外，还要看那些不是建筑师设计的民居，比如村落里的房子、胡同里的老四合院、苏州老城区的居民住宅、上海的里弄和深圳的城中村等。这些未经设计、由居民根据自己的生活形态自然建立的场所，都属于民居的范畴，其中有很多可以提取、借鉴的智慧。

如果去北京看一下胡同里四合院和树的关系，你会发现，树的存在不是作为观赏部分，而是作为房屋的功能部分：夏天可以挡住阳光，让院子里比较凉快；冬天，即便叶子都掉光了，树仍然具备挡风的功能。四合院的屋檐从墙体延伸出去的长度和房间的深度之间也有一种智慧的关系：冬天太阳比较低，屋檐不会遮挡阳光，可以让阳光照进房间很深的位置；夏天太阳比较高，刚好又被屋檐挡住，阳光不会过多地照进房间里，屋子里会比较凉快。

当然，通过旅行扩展视野，对建立建筑思维也很重要。关于旅行，不一定要去其他城市或其他国家，只需要在生活中保持旅行的心态，对周围的环境保持好奇心。只要拥有这种心态和好奇心，即便是在自己生活的城市，也会有很多收获。比如，你可以在上下班时有意识地换条路走，观察周围的环境。

建筑思维需要从不同方面一点点积累，就像大数据一样，积累到一定的量，就会呈现出一种趋势。当你的见识积累到某个程度，建筑思维就自然而然建立起来了。

到这里，你已经逐步攻克了新手期能力上的短板，工作能力得到了稳步提升，在团队里也站稳了脚跟。这时，你可能会迎来一个新的问题——我什么时候才能得到晋升？在不同的阶段，我应该先达到哪些标准？下面我们就一起来看看。

如何才能获得晋升的机会

· 青山周平

虽然建筑师的成长很慢，但每个平台的晋升体系都非常清晰。我们（指 B.L.U.E. 建筑设计事务所）属于小型事务所，规模最大的时候也就 30 个人左右，人员分为总建筑师、建筑设计总监和普通建筑设计师（以下简称"普通建筑师"）三个级别。总建筑师负责管理事务所的所有项目，建筑设计总监要管理 2～3 个项目，普通建筑师则只需负责自己的项目。

我们对每个级别建筑师的要求是不一样的。如果你一毕业就加入我们事务所，成为一名普通建筑师，那对你的基本要求就是能画出达到标准的图纸，并且能和业主方、施工方进行基本的沟通。当然，每个人都会对自己的团队成员有隐性要求，这也是你进入一个团队需要具备的加分项。

对我来说，非常重要的一点是，你要能敏锐地了解到自己该做的事，并且理解对方的需求。比如，在开会前，有人会主动去会议室开灯、准备投影仪，或者提前问今天开会需不需要准备什么东西。这种看似普通的"敏锐",恰恰是我觉得非常重要的。毕竟,建筑师做设计不像做产品一样,先做市场调研,再根据市场调研的结果来做设计;相反,建筑师要能敏锐感受到时代、社会以及业主需要的东西,而这些东西又都是无法通过语言或者数字直接表达出来的,必须得自己去捕捉。

另外,我会特别期待你能做出或者提出我没有想到,却能启发我的东西。在我们事务所,不是说我有一个想法,然后把想法传达给你去执行就行了,而是团队里各个级别的人都会坐在一起讨论。讨论时,我会先让你说出自己的想法。这样,你不仅能被团队里的其他人看到,你的想法或许也能启发我,让我有机会做出超越以往成就的作品。

据我观察,在我们事务所,如果你专业能力足够,又具备这种敏锐度,一般工作四五年就能升到建筑设计总监的位置。

在建筑设计总监的位置上,你需要有足够的设计和创意能力,需要有管理能力以及项目执行的经验和能力。毕竟,这时的你除了要做设计,还要负责拍板团队所做项目最后的创意,甚至还要跟进项目的全流程,知道在什么时间应该和什么样的人对接,安排什么样的人跟进。当然,你也需要了解团队中每个建筑师的个性,以及他们分别擅长什么和不擅长什么,因为只有这样你才能更合理地给他们分配工作,管理他们的项目进度，保证工作节奏。

相比于建筑设计总监，总建筑师需要有自己的个人魅力和设计特点。在我们事务所，现在是由我来担任这个角色，但这个要求其实是很多人都需要满足的。比如，如果你在一家建筑事务所升到了很高的职位，要担任总建筑师的角色，或者你要成立自己的工作室，那你就需要具备这两点。毕竟，业主之所以不去找设计院或者大型设计公司，而是去找一家建筑事务所，一定是因为看中了总建筑师的个人风格。如果你没有强烈的个人魅力和突出的设计特点，业主怎么会特意去找你做设计呢？当然，作为总建筑师，你不仅要做作品，还要把握整个事务所的设计走向，并且定期把作品通过媒体报道或者出版书籍等方式让公众看到。

看完建筑事务所的情况，你会不会很好奇设计院的晋升情况？其实，设计院的晋升要求和事务所差异不大。邵韦平老师说，在设计院，建筑师的职位分为独立设计师、高级设计师和主任设计师。在独立设计师阶段，你负责的通常是项目中的局部工作。这时，你的工作成果必须达到所在团队的基本标准。

再往上，到了高级设计师阶段，除了要懂设计，你还需要具备系统解决问题的能力和领导能力。一方面，在团队内部，你要能安排计划，做好分工，把参与各个阶段工作的人都组织好。另一方面，在外部对接上，你要能接收业主的信息，把设计成果交付给业主。

到了主任设计师阶段，你需要在大型项目中担任设计总建筑师，负责统筹整个项目。需要注意的是，设计总建筑师不是一个固定职位，而是根据项目确定的，十个项目可能就有十个设计总建筑师，也可能会有一个人同时兼任好几个项目的设计总建筑师的情况。

设计公司也有非常清晰的晋升体系，对每个级别建筑师的要求跟上述内容类似。但在晋升方式上，有些不一样的地方。在刘晓光老师所在的 CallisonRTKL，晋升更像是事后追认的过程。也就是说，大部分公司是领导看出你在某个方面有能力或潜力，然后把你晋升到相应的位置上。而在 CallisonRTKL，是你已经在原有的职位上展现出了上一层级的能力，也达到了上一层级的业绩，所以正式赋予你一个称谓。

在这样的评价体系下，如果你在以下三方面表现突出，通常晋升就会比较快。

首先，你的专业能力要非常突出，要有非常好的业绩表现，也能担负起更多责任。比如，你可能非常善于赢得项目。当然，这不是指通过认识某个很有权势的人，或者得到什么信息来获得项目，而是指你的专业能力对团队获得项目起到了很大的作用。(无论是设计院还是事务所,这都是快速晋升,获得领导认可的硬通货!)

其次,**你要有很强的理解能力**,刘晓光老师认为这是所**有能力的起点**。比如,在开会时,你能理解大家在说什么;会议结束后,你回去做的东西与上级要求的方向基本一致,不会差太远。再比如,在进行设计工作时,你能观察到项目中的问题,也能提出问题。

最后,**你还要能形成自己的方法论,知道某一类问题可以通过什么方法解决。**当然,如果你的方法论能被大家共同借鉴、学习,那就意味着你在团队中做出了突出的贡献。

如果你在以上几个方面都做得很好,到年底时,你也能经得起各个级别的同事从不同角度的评价,并以此证明自己是有能力、有前途的。那么很大概率上,你就能获得晋升的机会了。

通常,走到晋升这一步就意味你已经在告别新手阶段,向进阶阶段进发了。同时也恭喜你,你已经完成了"新手上路"这一部分职业预演的旅程!如果你感到有些累了,可以稍做休息。养精蓄锐一番,然后再出发。

CHAPTER 3

第三章
进阶通道

现在，我们来到了本书的第三章——"进阶通道"。顾名思义，这一部分就是要为你呈现建筑师职业生涯上升期的工作内容。

请你继续代入一名建筑师的角色。现在，你已经逐渐从执行者的角色变成了团队中的关键人员，开始负责项目设计中的关键部分，甚至可能已经开始带刚入行的新手建筑师。但千万不要满足于此，如果你想真正成为一名能独当一面的建筑师，这还远远不够。你还需要具备更多元的能力。

所以，为了让你真正走向独立，我们在这条职业预演的路线上设计了如下内容：

·进入占全书篇幅最多、最完整的建筑项目流程，让你拥有掌握项目全流程的能力；

·进入与业主和各个专业的人打交道的实际场景，让你获得沟通、协调的方法与智慧；

·进入项目竞争环境，获取前辈建筑师赢得项目的经验，让你有机会独立做工作室，或者有机会带领团队做出更好的项目。

现在，我们开始在一步步地理解、收获这些能力吧。

独立做项目要面临哪些难题

▌解读任务书：深入了解业主条件和需求

· 邵韦平

解读任务书时，新手建筑师的主要工作是学习如何从业主任务书的字里行间看到潜在的需求，已经开始独立做项目的建筑师则需要更深入地解读业主的条件和需求。作为一名已经独立的建筑师，你重点要做的有两点：第一，全面了解项目所在的场地、功能需求和项目造价等内容；第二，从这些信息中找出与现实相矛盾的地方，并对其进行修正。

先说第一点中的了解项目所在的场地。对建筑设计来说，这是至关重要的，因为场地承载了因建筑所发生的所有活动，你必须有意愿让自己设计的建筑成为场地中的积极元素，甚至能带动整个场地周边环境美学和人文精神的提升。所以，了解场地时，你不能只看项目的规模和所在的位置等，还要去了解项目所在场地的细节，包括场地的朝向、与城市交通的衔接、文化属性等。

我曾经听说过一个关于场地设计不当的小故事。有一名中国建筑师在南半球国家设计房子，由于没有场地经验，错误地把房子主朝向确定为南向。要知道，在北半球，阳光都是从南侧照射到建筑上的，因此国内设计建筑，南向作为主朝向是定式；但南半球国家的阳光是从北侧照射到建筑上的，如果把房子设计成朝南的，就会违背设计原则，影响建筑功能。

了解项目如何与城市衔接也非常重要，因为它会影响建筑的主立面设计——一般来说，建筑的主立面要面向城市的主要街道方向。

了解这些内容，可以在使用性层面让建筑与场地的关系更合理。但是，想要在精神层面让建筑的存在更合理、更有内涵，就需要深入了解场地的历史文化。否则，这个建筑就可能会在场地中显得非常突兀，与周围环境格格不入。在这方面，一个非常值得借鉴的例子是贝聿铭设计的苏州博物馆。苏州博物馆坐落在苏州老城区，如果把它设计成一栋非常现代化的建筑，它会显得很另类，但完全遵循传统又会显得缺乏创造性。贝聿铭的做法就很合适，他深入挖掘苏州老城区的古典元素，把建筑处理成和老城区相似的高低错落的格局。这样一来，人们看到这座建筑时，会感到它和老城区形成了和谐的文化上的对话，而且显得非常有创意。

功能需求比较好理解，就是业主准备在项目所在地建什么。项目造价就是业主的造价预算，你要知道业主的承受能力，这对后续做技术策略相关的工作有重要影响。

接着说第二点。你要明白，以上这些信息很多都没有办法直接用来做设计，因为业主提供的需求和条件与实际使用有很多相矛盾的地方。你需要发现其中的矛盾，并进行修正。比如，业主想建一个剧场，任务书上的功能需求写的是"500人座的一个演播厅"。但在现实中，观众去剧场进入演播厅观看演出前，以及演出结束后，肯定都有在外停留和人交流的时候，所以就需要在外加上一个供人们在演出间隙坐下来喝杯咖啡、聊天交流的公共空间。这样的差异，就属于你需要修正的地方。

造价上也经常出现预算和实际支出的矛盾。比如，业主只准备了建造三星级酒店的预算，但非要你盖一个四星级酒店，这肯定是难以实现的。还有一种矛盾需要你注意，就是要考虑到市场波动的不确定性。比如，在建筑设计初期，业主的预算是合理的，但经过设计、政府审核等一系列工作，正式开始建造时，很多材料已经因为市场波动而涨价了，导致原本的预算可能会不够。所以，你要和业主为市场的未知波动预留出"不可预见费"，应对可能会发生的情况。这里的"不可预见费"，可以按字面意思理解，就是指暂时无法确定，但是未来有可能会发生的费用。一般来说，在项目最初的概念设计阶段，会根据预算预留出 15% 的不可预见费，之后随着项目逐渐深入，会根据情况逐渐降低这笔费用所占的比例。

这类矛盾都会影响接下来的设计，所以你要在解读任务书之后，运用自己的专业能力与业主讨论，对任务书进行调整、修正。只有这样，你才能在最开始就让项目有准确的大方向。

在工作中，可能很多业主根本就不会给你任务书，只会说自己要盖个什么样的房子。所以，很多建筑师都觉得，业主方能提供任务书就已经很不错了。如果遇到这样的情况，你要怎么办呢？你可以自己给业主写任务书，根据实际情况，把项目的概况、政府规划条件等一一编写说明，然后再进行解读任务书的工作。

▌确定设计原则：场地、功能和技术选择

· 邵韦平

解读完任务书，下一步需要确定设计原则，并以此作为设计指引。我发现，很多年轻建筑师会在没有深入研究设计原则时就提出设计结论。这样做无异于闭门造车，设计中会

出现很多不合理的地方。下面就来具体说一说设计原则。设计原则主要有三个，分别是场地原则、功能原则和技术选择原则，它们在实际工作中是并行的，不分先后。

第一，场地原则。

很多年轻建筑师会忽视这个原则，但实际上，建筑项目的很多关键因素都是在充分了解场地条件后才成立的，而且场地中还包括很多建筑师不能主观更改的因素，包括交通接驳问题、景观问题和场地安全问题。

交通接驳问题，就是人、车、物从哪里进来、从哪里出去的问题。比如，要考虑人从哪里进来，从哪里出去；要考虑私家车从哪条路开进来，开进来后停在哪里，出去时走哪条路；还要考虑物流货车、垃圾运输车在哪里装卸货物等。这些进出接驳的方向，并不是由建筑师主观设定的，而是由城市交通部门的道路规划决定的。而且，这些刚性条件影响着建筑的主入口、次入口设计在哪里等问题，所以必须在一开始就确定清楚。

景观问题是指，如果项目附近有良好的自然景观，就要在设计时利用周围的景观来服务建筑，比如房子肯定要朝向景色好的一面。在建筑设计里，这叫借景。除了借景，建筑师还要考虑如何使用巧妙的造型创造景色，让建筑在场地中看起来更优雅、更美观。

场地安全问题，主要考虑两个方面。一方面，要考虑如何防范自然灾害。比如，在山区建房子，需要考虑如何防止泥石流的侵害；在沿海一带建房子，需要考虑如何防止房子受洪涝灾害影响。另一方面，还要考虑安全距离，防止外部车辆冲撞建筑。当然，消防、上下水等一系列保障设施也是你需要考虑的。等你把这些事情都考虑清楚，很多事情自然就有方向了。

第二，功能原则。

每个项目都有基础的功能需求，比如学校要满足学生上课、活动和老师办公的需求，医院要满足病人看病、住院的需求，博物馆要满足参观者观展的需求，机场要满足乘客高效乘机的需求。我和诺曼·福斯特一起做北京首都国际机场 T3 航站楼时，当时功能需求里有一个指标叫枢纽功能。它是指除了航班饱满，还需要让中转航班之间有高效的衔接，国际航班 90 分钟、国内航班 30 分钟就能走完到达和出发的衔接流程。这些都是我们确定功能原则时应该满足的基础功能需求。

但是，我们不能只满足基础的功能需求，还需要运用新的手段和技术塑造新功能，让建筑有更多的体验感、更强的吸引力。比如纽约的高线公园，它原本是一条废弃的高架铁路，一度面临被拆除的危险。后来，在当地居民自发创立的非营利性组织 FHL（Friends of the High Line，高架之友）的建议下，市政府决定把这条高架铁路再利用，并向全球发出招标信息，吸引了 36 个国家的 720 个设计团队参与竞标。最终夺标的设计团队，通过园艺、公共艺术等，把它打造成了一个穿越纽约九个街区的公共空间，这里也逐渐成为大部分人去纽约必须前往的一个地方。

再比如我在前文提到过的凤凰中心项目，它基本的功能需求只有企业总部办公楼和演播厅，但我在那里塑造了一个开放空间。后来，那栋建筑除了作为凤凰卫视的企业总部办公楼和演播厅，还成了公共的活动空间，很多国际顶尖的一线品牌都会去那里做活动。

第三，技术选择原则。

无论一个建筑设计的效果有多好，最终都要依靠技术来实现。没有技术，所有理想都只能停留在图纸上。可以说，技术是支撑建筑的基础。具体来说，在这个阶段，你需要根据项目，选择是使用钢结构、混凝土结构还是砖结构来建房子。除了房子的结构，你还要选择房子的外立面采用什么技术。当然，这些选择都不意味着最终的定向，而是几种技术可能的方向。在此之后，你要考虑造价问题，要根据技术选择方向与业主沟通他的选择倾向。如果业主很有钱，你可以选择一些昂贵的技术；如果是扶贫项目，就要选择一些成本没那么高的技术。设计有很大的弹性，每个项目都没有唯一的实现路径，所以才叫技术选择。

除了以上三个核心设计原则，在政策变动时，设计原则也会随之变动、增加。举个例子，现在国家鼓励降低碳排放，你就要根据绿色环保原则，考虑建筑对能源、环境的影响。比如，在外墙选择上要更节能，减少对能源的消耗；尽量利用在外窗进行自然采光，避免过多的人工光照；利用自然通风来提高人的舒适度，降低空调能耗等。这些都是你在确定设计原则时需要注意的。

你可能也注意到了，"场地""功能""业主需求"等专业词汇在文中频繁出现。这是因为这些内容都是建筑师在每个阶段的工作依据，而做建筑项目不可能一步到位，需要建筑师在每个阶段层层递进，逐渐深化。可以说，频繁出现的这些专业词汇，也代表着建筑项目从 0 到 1 的推进过程。

制订设计策略：深入研究业主需求

· 邵韦平

制订设计策略就是制订设计路线图，需要更深入地研究业主需求。比如，有的业主希望项目有标志性，你就要在创意、形式上做一些突破；有的业主强调经济性，你就要考虑如何调整成本。再比如，同样是学校，有的业主追求实用、高效，有的业主则追求使用者在这里有一种独特的感受。业主需求不同，设计策略也会有所差异。但在这些表面的需求背后，其实还隐含着一些共性的需求，而这些就是你需要运用策略的地方。具体来说，这些策略主要分为四点，分别是满足功能策略、满足经济策略、满足技术策略和满足绿色可持续策略。

先说满足功能策略。这不是指业主需要什么功能，你就要满足他去设计什么功能，而是指你要在设计中强调功能的均衡性，达到业主的功能需求和项目价值相统一的状态。

举个例子。你承接了一个商品房的项目，开发商为了追求利润，要求你把门户里的空间面积设计得特别大、特别豪华，但门户外的候梯厅、楼梯间都做得特别狭小、寒酸，甚至当出现紧急医疗事件时，医务人员都没法抬着担架过去。在这种情况下，按照业主的需求设计就是不满足功能策略的体现，后面可能会给业主带来很多麻烦。毕竟，每个行业都有自己的规则。房地产行业有豪宅、公寓和普通住宅之分，不同定位的项目有不同的标准。如果你把某些地方设计得很豪华，又把某些地方设计得很寒酸，购房的人就会疑惑这到底属于豪宅还是普通住宅，业主对房子的定价也会出现偏差，进而影响其收益。

酒店行业也是如此。酒店中有三星级酒店、四星级酒店和五星级酒店，还有超五星级酒店，不同星级对应不同的标准和价格。如果你把五星级酒店的房间设计得很小，没有达到房间开间 4.5 米、进深 8 米的标准，客人就会投诉。相反，如果你把四星级酒店的房间按五星级酒店的开间面积来设计，其他地方仍然保持四星级的标准，那么，这里依然只能按四星级酒店的标准来标价，即使把价格定到与五星级酒店相当，客人也不认。

以上是显性的满足功能策略，此外还有隐性的满足功能策略。比如，三亚的喜来登、红树林等酒店，一般都建在一个比较高的坡上，客人进入酒店时要坐车经过一条环路，而这会让人产生一种尊贵感。进入大堂后，客人首先看到的是海天一色的景色，这是因为建筑师在大堂前做了一个大水池，人看过去时，水池的水面和远处的海面连接在一起，相当于建筑师通过水池把大海引到了客人面前。这样一来，客人会感到非常惊喜，也会对酒店留下好印象。

但是，无论多么好的设计，都需要经济作为支撑。在做设计时，你一定要记住，有多少钱办多少事，任何时候都不能在业主的经济承受能力之外谈设计。如果业主只有一千万元的资金用于建房子，你却设计了一个造价两千万元的建筑，这就完全没有意义。所以，**在制订设计策略时，还要满足经济策略**。一位业内专家说，项目全生命周期要消耗的资源，有 70% 都源自设计时做出的决定。这也是我认可的数据。所以说，设计对项目的经济影响是巨大的。

那么，具体要怎么做呢？你要有意识地寻找不同手段、不同方式的设计，选择高性价比的建造方式。我做中信大厦的过程就是一个典型的例子。这栋楼有 100 层高，里面有 4 组疏散楼梯，没有经验的建筑师可能会对每个疏散楼梯做特定设计。但这样一来，楼梯的样式增加，工厂生产楼梯时要制作的模具数就会增加，相应的安装时间和人工成本也会增加。基于控制成本和建造效率的考虑，我把 4 组疏散楼梯的形态做了归纳，发现它们虽然在不同的位置，但格局完全相同。于是，我让工厂用一套模具把疏散楼梯加工了出来。这样，工人安装时只需要使用一两种安装方式，很快就安装完了。开模费、工人的人工费都省下了不少，同时安装效率也提升了。这只是满足经济策略的一种方式，实际上，还有很多种方式可以为项目节省开支，比如调整层高、更换材料等。

要想让设计真的能落实为实体建筑，还需要有完整的技术体系。所以，**在制订设计策略时，还需要满足技术策略**。技术策略就是确定采用什么样的技术体系来建成建筑。具体来说，需要考虑清楚以下两方面的内容：

一是经济方面。比如，建筑结构有混凝土结构，也有钢结构，结构不同，价格也不同。早期中国生产水平有限，钢的选择也有限，再加上价格比较高昂，所以大部分工程都会选择混凝土结构。但是，混凝土结构在工业化和抗震方面有一定的不足。随着中国钢产量不断提高，建筑师对钢的应用越来越娴熟，钢结构已经成为性价比较高的选择。当然，这也是我比较推荐的选择。

二是材料方面。不同材料有不同的性能。比如，木质材料作为结构主材建成的建筑比较精美，如果是低层建筑，可以考虑选用这种材料，但高层建筑就不建议使用，因为其硬度和耐久度有限，无法支撑太高的房子。再比如，砖材料隔热性比较好，但因为不够灵活，也没法把房子盖太高。现在还有轻质化的复合材料可供选择，这种材料可以塑造更丰富的造型，既适用于低层建筑，也适用于超高层建筑。

最后来说满足绿色可持续策略。我认为这一点是现代建筑师的基本素养。你做的每一个设计安排，都应该有绿色可持续的概念。建筑业是耗能大户，大概要消耗 30% ~ 40% 的社会资源。因此，把节能贯彻到建筑的每一个环节，对社会特别有意义。

举个例子。在冬天需要靠空调来制暖的地方，如果建筑的窗户设计得很大，外墙也不保温，空调的能耗就会很高；如果建筑外墙的保温密闭性好，窗户的热传导系数也很理想，就能降低空调的能耗，同时也能降低房子的折旧系数。而且，降低折旧系数对节能也会有好处：造房子需要用水、用电、用材料，如果房子建好 30 年后就被淘汰了，建造的全部代价就只能被均摊到 30 年内；如果房子建好 100 年后还在用，建造的代价就会被均摊到 100 年内，相应地就降低了对社会资源的消耗。

▏形成概念方案：判断是否符合建筑发展规律

· 邵韦平

在形成概念方案阶段，主创建筑师要对组内多个概念方案进行比较，看谁的方案更合适。但经常出现的情况是，每个概念方案都有自己的特点，甚至会出现几个方案难分高下的情况，这时该如何选择呢？答案是，你要从专业角度判断一个概念方案是否符合建筑发展的规律。只有这样，你才能保证选出的概念方案在设计原理上是完整的，并且是具有可操作性和建设意义的。

首先，你需要判断方案是否与场地相融合。如果与场地不融合，建筑建成后就会出现各类问题，比如前面提到的出入口的问题、建筑与周围环境格格不入的问题。如果场地融合做得非常好，则会给建筑带来不一样的体验。

贝聿铭设计的香山饭店就是一个在场地融合方面做得特别好的例子。没有经验的建筑师在香山建饭店，可能会把周围的树砍掉，做一个很大、很气派的广场。但贝聿铭独辟蹊径，他在入口处和主广场之间设计了一面院墙，院墙周围是郁郁葱葱的树木，人走过去时，会感觉仿佛走在一条森林中的小径上。但绕过院墙进入广场后，四周的树木被围墙挡在外面，眼前变成了气派的香山饭店大门和广阔的天空，让人豁然开朗。其实这个广场并不大，但贝聿铭巧妙利用香山的场地特征，让院墙内外形成一种对比关系，分割出了一个以小见大的空间。这样的处理就很巧妙。

其次，你需要判断方案是否与功能相融合。一个优秀的概念方案，一定会对项目功能考虑得特别全面。比如，建于1959年的人民大会堂，到现在已经有60多年的历史了，但用今天的标准看，当时的建筑师、决定概念方案的领导仍然很有先见之明。当时的设计没有直接复制一般建筑的设计经验，而是站在国家形象的角度考虑问题。人民大会堂的高度不是常规的4米、5米，而是设计成了8米，相当于常规楼房的两层高，这种高度会给人一种强烈的仪式感。宴会厅是一个5000平方米的无柱大厅，尺度处理得非常大气。这些都非常符合国家形象，所以至今看起来都很经典。

人民大会堂的功能分区处理也特别值得一提。它里面有三大主功能区——大会堂、宴会厅和人大常委办公楼，其实就是三个功能单元。一般建筑师在处理的时候，可能会把三个功能单元简单地放在那里，但当时的建筑师在三个功能单元中间设计了一个中央大厅，中央大厅比其他三个功能单元中的任何一个都大。建筑师通过中央大厅的功能单元，使其和其他三个功能单元形成一种层次序列。从人民大会堂的东门进入，从前厅走到过厅，再到主厅，通过一步步层次递进，人会感受到一种强烈的精神震撼。

再次，你需要判断方案是否与特殊需求相融合。这里的特殊需求包括可持续、节能、低能耗、无障碍等。其中的无障碍特别值得注意，也非常需要你把工作做得很细致，因为无障碍并不是简单地在建筑空间中加一个残疾人卫生间，或者做一个无障碍坡道，而是要做到无感的无障碍。比如，建筑都会做内部防水和外部防水，而为了做内部防水，卫生间一般会设计得有台阶高度差，如果做不好，这就会变成一个硬槛，老人上厕所时一不注意就会被绊倒。如果注意到了这一点，你就可以把硬槛设计成缓破。这样一来，老人上厕所时，再怎么不注意也不会被绊倒。做外部防水也是一样的。如果把建筑选在一个恰当的高度，或者把建筑周边场域的道路抬高，就可以把台阶高度差变得很小，甚至可以把高度差消灭掉。

此外，你还要判断方案是否与业主需求相融合。这不是说要一味地满足业主需求，而是说要站在专业的立场，在业主原有需求的基础上，为他提出更好的建议。比如，我们公司在设计小米公司总部办公楼时，业主的需求就是做一个既便宜又好用的房子。但我们肯定不能为了满足这个需求就让建筑失去设计性，所以我们把外立面设计得很朴素，同时在内部设计了舒适、方便交流的公共办公空间。

最后，你要判断现有技术是否能实现这个概念方案，也就是与技术原则相融合。比如，建筑师设计了一个大的演播厅，那它肯定就需要有大跨度的结构。有了大跨度的结构，建筑的外壳要怎么完成？这些都是你要考虑清楚的。只有把这些内容都考虑清楚，才能确保一个方案具备建设意义，而不会变成一幅画。

方案呈现：关注重点与主线

· 邵韦平

方案呈现是指建筑师把自己的构思过程、构思理由、建筑项目的造型等形成的概念方案，通过图纸、文字解说、实体模型、多媒体等途径向业主呈现，让业主看到设计成果，明白你的设计意图。但在这一步，很多建筑师常犯一个错误，就是方案做得面面俱到，但没有重点，看似什么都表达了，却完全不打动人。

方案呈现还属于建筑项目中的前期工作阶段，如果在这个时候就过于面面俱到地表现装修材料、家具等细节，业主就很难理解你的思路是什么，也很难理解你设计的深度。所以，**在做方案呈现这项工作时，一定要事先建立一个清晰的表达逻辑，让方案有重点、有主线，让人一看就明白。**

我在做深圳创新设计学院招标评审时，一位法国建筑师的方案做得就很好。他的方案是用一个动画来呈现的。动画中没有配音，也没有文字解说。动画开场，有一架飞机从远处飞来，降落在深圳机场。之后，一名学生从飞机上走下来，打车到深圳创新设计学院。这时，画面中出现了深圳创新设计学院附近的自然山景，在优美的山景中间，一个几百米长的平台徐徐展开，平台上分布着建筑师设计的教室、礼堂、宿舍和运动场等。平台下方是一个架空空间，里面有丰富的自然林木和小型山水景观，这些景色和周围大自然的景色相呼应，营造出了一个富有诗情画意的、桃花源式的学院。

这个方案的设计构思和呈现手法的重点、主线都非常清晰、简约。这种化繁为简式的表达，让人一下子就理解了他的设计意图，也是我认为好的方案所应具备的核心要素。

诺曼·福斯特设计的北京首都国际机场 T3 航站楼的方案，更极致地体现了这一点。T3 航站楼从南到北全长 3 公里，在如此巨大的体量下，很多建筑师可能会把南北做成不一样的空间，每个空间用不同的设计手段，最后再将空间拼凑在一起，而这样会让人感觉非常混乱。福斯特只采用了一条起伏的、具有艺术表现力的曲线，就把 T3 航站楼的造型、功能等全部组织起来了（见彩插图 7）。所以，T3 航站楼虽然被分成了三段，但无论是造型还是内部功能，都是由一条展开的曲线贯穿的。同时，这条曲线还能起到引导旅客的作用。旅客沿着直线走就是南北方向，沿着垂直线走就是东西方向。仅仅通过这条曲线，看方案的人就能完全明白福斯特的设计意图。

所以，在进行方案呈现时，你一定不能一味地陷入细节。给业主展示面积、装修、家具等细节内容，只会让人不知道重点在哪儿。**好的方案呈现应该是重点表现建筑设计的轮廓线和主要功能使用场景，把业主带入建筑建好后的场景，使其快速、清晰地明白建筑师的设计意图。**

给业主呈现并通过方案后，很多建筑师会觉得终于可以稍微喘口气，可以早点下班了。我们也建议你在看完这部分后稍微休息一会儿再继续，因为接下来的内容，据说是建筑师工作时最纠结的事情。

深化方案设计：满足规划、技术及成本条件

· 邵韦平

在深化方案设计这一阶段，建筑师的主要工作是量化概念方案建造的可实施性。概念方案往往比较抽象化，很多具体问题，如房子的面积、高度、结构和自然环境条件等，都必须在深化方案设计阶段进行评估、量化。同时，在这个阶段，你还要对不符合规划、不具备建设条件的设计进行调整，最终形成具有建造意义的深化方案。最重要的是，政府各个部门会对深化方案进行审批，只有审批通过，项目才能进入下一步。可以说，深化方案是决定建筑能否进入建造流程的重要法定程序。也正是因为这一点，业内人士经常会在这个阶段彼此问"方案批没批"。方案批了，下一步的启动就很清晰了。如果不确定能否通过审批，项目的进度和未来就很难说了。

这个审批过程不是建筑师能决定的，也不是业主能决定的。所以，你能做的就是尽可能事先准备完善，降低审批过程中的不确定性。那么，具体要怎么做呢？

首先，深化方案必须满足规划条件。这里包括面积、高度和绿化率等。概念方案标注的建筑总面积一般比较笼统，到了深化方案阶段，你必须按照规划指标，将面积精确到个位数。项目高度是影响城市形象的重要指标，建筑过高会影响城市天际线，所以规划中设定的高度基本不允许更改。绿

化率是城市管理者为了保护城市环境而设定的标准，区域不同，绿化率的指标也会有所不同。

其次，深化方案必须满足技术条件。技术条件包含建筑结构、机电和自然条件等方方面面。比如，建筑师在概念方案阶段设计了一个很大的空间，这就需要有一个大跨度的结构，但跨度大了，房梁就得加高；房梁一旦加高，原来设定的空间高度就会发生变化。再比如，建筑师在概念方案设计阶段设计了一个四五米高的报告厅，但减掉在屋顶上铺设机电设备所需的高度，原本设计的高度就没法满足了。这些技术问题都得在深化方案设计阶段解决。

以上都属于房子内部的技术问题，房子外部的技术问题你也需要考虑。自然条件对建房子有诸多限制。比如，一些地区的地貌表面看起来很平整，实际上地底下有好多溶洞，这就需要进行专业评估，看这块地适不适合建造建筑。北京首都国际机场 T3 航站楼在建设时就遇到了这个问题，机场那块地处于地震带上，经过专业评估后，我们采用了合适的技术，才克服了地震带带来的风险。此外，山体滑坡、泥石流等问题也需要注意。比如，四川雅安的县城建在山坳里，那边经常发生山体滑坡、泥石流，会对人们的安全产生很多不确定的影响。

再次，深化方案必须满足经济条件。这一阶段会对成本进行工程估算。比如，建筑结构要花多少钱，设备要花多少钱，有可能最后算出的总价会超过立项时业主的预算。遇到这样的情况，你就得和业主坐下来谈，到底是对方案进行调整，还是加预算。很多时候，经济上出现偏差会影响项目的进度，甚至有可能会导致项目停工，所以满足经济条件是特别重要的一步。

最后，深化方案还要满足国家政策要求，比如节能、绿色环保等要求。只有确保深化方案满足了以上所有条件，你才能将方案交给政府审批。政府相关部门会对方案进行评估，其中最典型的就是环境评估和交通评估。环境评估就是评估项目建设会对环境带来什么影响，项目适不适合建；交通评估则是看是否需要对建筑周围的交通系统进行一些调整，比如增加道路建设、公交线路等。整个审批的过程非常严肃，一旦审批通过，上面提到的内容就基本固化了。

初步设计：形成工程建造标准

· 邵韦平

初步设计是建筑师和其他专业的人，进一步研究政府审批通过的深化方案，确定对项目成本和建造有直接影响的标准单元，进行工作的精准量化和成本的精确估算，从而形成工程建造标准，用以指导之后的工作。可以说，这是一个非常关键的、承上启下的过程。

那么，如何找到标准单元？比如，如果你做的是一个酒店项目，一共有300间客房，经过研究后，你确定其中有200间都属于一个模式，那么，你从这200间客房中选出具有代表性的一个标准间，这个标准间就是标准单元。

确定标准单元后，你要据此制订建造标准。具体要怎么制订呢？这时，结构、设备、空调、上下水、弱电、强电等专业的人都会加入工作，他们会对自己专业范畴内的工作进行精准量化。比如，房子的结构跨度有多大，空调需要的管道高度是多少，材料用什么，等等。**而你要让各个专业的人做到限额设计，也就是跟业主的预算吻合。**因为精准量化后，建筑每平方米的造价也会精确地估算出来。如果造价高了，业主没有预算，项目就没法执行。如果造价低于业主的预算，就意味着标准降低了，可能会影响建筑最终的效果。所以，一个成熟的建筑项目，在初步设计时务必要做到限额设计。

可是，一个建筑项目要涉及那么多专业、那么多人，怎样才能确保做到限额设计呢？**这就需要你把工程建设中可能会出现的问题全都在这一阶段解决。**以卫生间为例，这一阶段，你需要把装修的材料、地面坡度、门槛，甚至五金开关的样式，都在图纸上体现出来。再比如建筑结构，在这一阶段，你需要把楼板、立柱、外轮廓线的表皮等清晰地刻画出来，建立清晰的受力体系。保障体系也是如此，用什么型号、什么效能的空调，用什么样的上下水，用什么样的供电系统等，都得在这个阶段事先确定。把这些事情做得越细，就越能控制好造价，这样制订出来的建造标准也就越能有效指导之后的工作。

施工图设计：确保每一步都精准指导施工

· 邵韦平

顾名思义，施工图就是指导施工的图纸。如果不在设计院工作，很多建筑师可能完全没有机会直接画施工图。但是，画施工图对建筑师的帮助特别大，能让建筑师拥有建造经验，从而让创意更落地。所以，无论是在什么类型的平台工作，我都建议你要深入了解施工图设计的工作，拥有画施工图的视角。否则，很多创意都只能是纸上谈兵。

首先，你要准确了解施工图的概念。相较于初步设计阶段的图纸，施工图表达得更加细致。详图的比例要不断放大，极端情况下甚至需要按照 1:1 的比例足尺表达。这样做是因为施工图是用于指导现场施工使用的，如果图纸没有达标，施工时很容易出现开天窗的情况——施工方已经开始施工了，在施工中遇到的建造问题却没有施工图做工作指引，或者施工图表达得不清晰。如果真的遇到这种情况，你就只能去施工现场口头和施工方说该怎么做。这样往往会导致施工方听得一知半解，之后的工作也跟着走样。甚至还有更糟糕的，就是施工方一看这情况，干脆直接降低成本，怎么便宜怎么做。这样一来，工程肯定会出现质量问题。

那么，如何才能避免这些问题呢？在意识上，你要建立严谨的作图观念，保证施工图上的每一笔都能完整、准确地指导施工。想做到这一点，你可以对标以下三个标准，确保自己的施工图达标。

标准一：保证施工图内容完整，不能有缺项。

内容完整包括三个方面。第一，房子包含的所有内容要全面覆盖。大到卫生间、电梯、疏散楼梯和机电管井，小到镜子、洗手盆和烘手器，要全部在施工图上表达清楚。

第二，实体建造中可能会遇到的技术问题，比如房子的耐久性、保温、防火等问题，要全部在施工图上解决。拿耐久性来说，如果墙板的材料选得不对，有意外冲击发生时，房子就会出现问题。如果墙板选得过薄，用不了多久就会被磕坏。像医院这个类型的项目，建筑空间中可能会出现一些推车冲撞墙板的情况，所以特别需要增加墙板保护，比如再加一条防撞杆,这样损坏也是防撞杆损坏,而不是主体墙板损坏。建筑是百年大计,只有把能想到的问题都在施工图上解决,才能支撑建筑的寿命。

要做到这点,你需要提前思考施工中可能会遇到的技术问题。比如说防火、隔音等问题,如果你在施工图设计阶段没有考虑材料的热工性能,建成的建筑就有可能无法达到国家要求的防火标准;如果没有考虑隔音问题,建筑建成后,声音可能就会在两个房间之间来回串。很多酒店出现隔音问题,就是因为工人做隔墙时只做到了吊顶板的位置,没有真正做到顶,于是空的地方成了回音桥,声音通过那个位置来回串。把与这些情况相关的具体内容在施工图上画清楚,就能尽量避免出现问题。

第三,要考虑建筑运维问题。比如,玻璃幕墙中的玻璃是一种脆性材料,在使用过程中肯定会需要更换。但很多建筑师在设计时没有考虑到位,导致一块玻璃碎了之后,要把整面墙都拆了才能换。玻璃成本不高,拆掉的墙的价格却远远高过玻璃的价格。这是很多建筑师在画施工图时没想到后期建筑运维问题导致的。

标准二:施工图要能达到精准控制效果的作用。

建筑是由不同材料构成的,要想精准控制效果,就得注意材料与材料的衔接。比如凤凰中心的坡道,这处坡道的侧立面有一块封板，封板和天花板之间的衔接一定要在施工图上画清楚。很多年轻建筑师以为它们是同质材料，所以只画了一个直角线。施工方拿到图纸看不明白，没准儿就随便找两块板拼成一个直角线完事，最后出来的效果完全不是设计的那样。再比如建筑里经常遇到的外墙与场地交接的问题，很多建筑师直接用土堆在墙根，一下雨，那些土就被冲刷没了，雨水冲刷泥土的痕迹还会溅到墙上。这也是材料的衔接出了问题。其实面对这种情况，有一个很简单的办法，就是把土换成碎石，这样既对墙根进行了保护，下雨也不会有太大影响。

你也可以使用完成面控制法。完成面控制法就是以最终装饰效果为标注控制点的方法。过去做施工图设计时，人们使用的是土建控制法，施工图呈现的是施工建造的信息。比如，一个门洞设计宽度是 1.8 米，施工图上画的是两边墙砌筑的尺寸，这么做就出现问题了。砌完墙、柱后，业主装修时还要在门洞两边加装饰面，而装饰面一加上去，门洞变成 1.75 米了，实际尺寸和设计尺寸之间就出现了差异。完成面控制法不仅要表达墙砌筑的尺寸，还要把业主装修时需要使用的门洞尺寸画出来，最后在图纸上呈现出装修后的墙面效果。这样，设计效果就不会被后面的装修工作"蚕食"，设计是什么样，装修出来就是什么样。

保罗·安德鲁[1]在设计中国国家大剧院时,使用的就是这种方法。国家大剧院内部的演播厅有一个外壳,外壳上面有一个弧形的装修面,也就是大家去观赏演出时抬头看到的头顶上有灯光效果和木纹理的内壳。在施工图设计阶段,安德鲁就通过图纸,把这个如此复杂的装修面表现出来了。也是因为这一点,后来在外壳里面安装建筑网架结构时,完全没有影响最后呈现出来的装修效果。

标准三:确保成本控制。

施工图会涉及选材料、选做法,这些都跟钱有关系。当建筑师的设计和成本之间出现矛盾时,要用合适的解决办法,把成本控制在合理的范围内,同时尽量不影响建筑的美观。比如,当时我们设计的中信大厦的表皮要用不锈钢材料,但业主觉得材料造价超出了预算,于是我们改成了用铝板。铝板颜色与不锈钢相仿,但价格更低。虽然表现效果和不锈钢相比有些微差异,但整体美感还在可接受的范围内,所以我们最终将表皮材料换成了铝板。

看完施工图设计阶段的内容,接下来你就需要开始为业主编制技术招标文件了。技术招标文件是业主用于招标、采购的文件,涉及建筑构件、材料和设备等内容,是一份可以单

---

1. 法国建筑师,代表作品有法国巴黎夏尔·戴高乐国际机场、日本大阪海洋博物馆和中国国家大剧院等。

独使用的文件，同时也是对施工图的补充。

　　需要注意的是，业主方进行招投标采购的行为是相对独立的，所以下面提到的技术招标文件只涉及技术部分。招标文件由多个内容文件组成，一般包括项目概况、用户需求、评标办法、设计条款（含产品技术标准、规格、使用的要求和图纸）等，其余内容不涉及，也不在建筑师的专业范畴内。建筑师为业主编制技术招标文件，并非为了达到商业目的，向业主方推荐产品，而是作为技术顾问，向业主方提供技术保障，让业主有专业可靠的依据，可以更好地招标。这也是建筑师必须履行的专业职责。

▎编制技术招标文件：为招标采购提供技术保障

·邵韦平

　　盖房子需要大量的材料、产品，这些都需要业主进行招标采购。所需材料、产品通常会有对应的招标设计图纸，但招标设计图纸只能呈现一部分信息，再加上业主并不专业，如果只拿招标设计图纸进行招标采购，可能会出现很多问题，影响建筑质量。所以，建筑师需要编制技术招标文件，明确所需材料、产品的标准，再配合招标设计图纸，完成工程招标采购。

在编制技术招标文件时，**首先要解决有无的问题。这是指用到的材料、产品等信息，在技术招标文件中全部要有文字说明。**以电梯为例，招标设计图纸上只能呈现电梯的尺寸、停靠站等，无法呈现更细微的信息，比如电梯中的无障碍按钮就没法在招标设计图纸上画出来，但在技术招标文件中，必须对这些内容进行文字说明。

再比如五星级酒店用的电梯，需要把轿厢的荷载预留充足，以便业主之后进行高级装修。如果没有技术招标文件的文字说明，供应商就会给业主提供常规荷载的电梯或者利润更高的电梯。如果在电梯装上，等业主后期进行装修时才发现电梯没有足够的荷载就麻烦了。

其次，技术招标文件要完整，文件中要包含完整信息、安装标准和检测标准等内容。信息完整性这一项涉及非常多敏感内容，会严重影响招标采购产品和材料的使用效果。以不锈钢为例，从表面上看，不锈钢都差不多，但其实它有很多钢号，如200、202、304、316等，不同钢号的不锈钢耐久性完全不一样。还有的不锈钢是假不锈钢，可能用个一年半载就生锈了。很多建筑师对此不了解，在技术招标文件中就简单地写了个"不锈钢"。这样一来，供应商在利益导向下，肯定会把便宜、利润高的材料给业主，从而导致工程质量问题。

安装标准也要在文件中写清楚。比如进行幕墙安装，需要在主体结构施工时，提前把幕墙安装的埋件预制在主体结构里。很多建筑师没有经验，文件中没有写清楚，导致主体结构施工时没把幕墙的埋件预埋进去，只能后期进行补救。但补救属于工艺上的不合理措施，费时、费力不说，还会造成很多不必要的损失。

检测标准也要写清楚。比如，外幕墙是由型材、玻璃等构件组装成的产品，需要提前说明要对这些构件的性能进行检测，看它们是否符合要求。另外，检测还涉及单独额外收费的问题。你事先在技术招标文件中写清楚了，业主就可以在招标采购时提前说明，掌握检测费用的主动权，对供应商有一定的制约。如果没有事先写清楚，业主可能就要多支付一大笔检测费用。

▎施工期协调：解决设计与建造间的矛盾

· 邵韦平

建筑师最头疼的事情之一，可能就是施工期间的各种不确定性。由于施工现场人员的专业性、工作习惯和理解能力等各有差异，不管设计得多好、施工图画得多完备，建造出来的建筑都有可能出现走形、变形、跟设计完全不一致等问题。

所以，建筑师需要在施工期间进行多方协调，解决设计和建造之间的矛盾。

具体要怎么做呢？无论是用集中沟通的方式，还是用分专业沟通的方式，你都要把施工图上没有说清楚或者对方没有理解的设计意图、设计信息说明白，让施工方可以比较准确地掌握这些情况。这就是我们行业所说的"设计交底"。设计交底是施工协调中非常重要也非常基础的工作。

但是，即便你说清楚了，施工现场还是经常会出现一些预料之外的问题，所以你还要根据施工现场的情况来调整设计。比如，盖房子打地基的基础桩是支撑房子建起来的基础，中信大厦就打了 100 米深的基础桩。项目设计时会有完整的打基础桩要求，但实际施工时，由于地下情况非常复杂，经常会出现打不下去的情况。在建海南银行总部大楼时，我们就遇到了这个问题。因为房子在海口，是建在滩涂上的，滩涂周边岩石的情况变化很大。经过勘测和试桩后，我们发现地质条件和原先预期的不一样，所以只能去施工现场根据实际情况调整设计。

还有一些情况出现时也需要及时调整设计。比如，设计时选用的材料采购不到，或者厂家库存的材料数量不够，又或者材料已经停产了。遇到这类情况，你都需要对设计进行调整，或者跟团队的主创建筑师汇报调整。

除此之外，你还需要协调一些特殊情况。比如，在施工现场，因为施工方的工作习惯、采购情况等原因，他们可能会对你事先安排的设计进行细节调整。这属于正常调整，但你需要确认施工方的调整是否符合原来设计的基本原则，对建筑品质和质量是否有影响，然后再做出合理的判断。如果认为施工方的调整不合适，你就需要再跟对方协商、沟通。

▎项目验收：建筑取得合法认证的过程

· 邵韦平

项目验收是指国家相关部门对建筑进行分项验收的过程。这也是把建筑合法化的过程。只有经过验收，房子才能获得产权证，才具备进行交易、获得评估的资格，否则建筑就是未完成品。这个过程是由政府相关部门主导的，建筑师主要是等待验收结果，但你必须清楚地了解这个过程是怎么进行的。那么，具体验收过程是什么样的呢？

实际上，在建造过程中，政府部门就会对建筑进行**分项验收**。比如，主体结构验收、幕墙工程验收、装修工程验收、电气工程验收等。通常，建筑每完成一项，验收人员就会根据行业管理规定验收一项。否则，像结构工程这样的隐秘工程，如果不在被遮挡前进行验收，等做完吊顶、装完管道，就已经看不见它了。所以，分项验收是在建造过程中进行的，也只有这样才能保证建筑质量。

建筑建成后，要进行**总工程验收**。总工程验收包括很多分项，按验收顺序，第一是规划验收，第二是消防验收，第三是工程质量验收，此外还有一些小项目的验收，比如人防工程竣工验收、绿色低碳验收等。

规划验收是指查验房子的高度、容积率等是否满足国家政策、国家建设标准和国家的审批手续，满足了就能顺利在政府相关部门备案，获得规划证。规划证是国家认定建筑合法的证书，相当于建筑的"准生证"。只有拿到规划证，才能证明建筑的合法性，这个建筑才有资格进入下面的验收环节。

规划验收完之后的**消防验收**是最敏感的环节，非常严格。如果消防有问题，建筑不仅会有安全隐患，消防验收无法通过，后期的工程质量验收也无法进行，所以消防验收是总工程验收里很重要的分项。在进行消防验收时，政府有专门的消防验收机构去建筑现场，检查所有跟消防有关的内容，比如防火分区的划分是否合理，消防设施里的卷帘门、喷淋、报警器等能不能正常使用。有时也会用做实验的方式抽查，比如在房子里点一堆火或者架一个油箱，烟气升起来后，看周围的消防设施有没有反应。比如，水炮的水有没有冲着火直接扑过去，烟气能不能按照预期从房屋顶的排烟孔排走，中控室的警报器会不会响，响了之后，其他消防设备有没有形成连锁的消防反应，等等。

再之后就是**工程质量验收**，也会有专门的验收部门来现场检查。一般要检查结构工程、机电工程、工程建设资料归档等，每项都检查通过后，建筑才能获得工程质量验收的合格证。

最后就是一些小项目的验收。**人防工程竣工验收**是每个建筑都要有的基本措施，这是出于居安思危的考虑而安排的。一旦出现战争，这些设施就可以供人民使用。对此，每个国家都有自己的建设标准。**绿色低碳验收**也会有专门的政府部门进行，他们会查验建筑是不是符合节能、减排等指标。

恭喜你！到这一步，你就预演完了建筑师从 0 到 1 做项目的过程。不过，我们的职业预演之旅还没有结束。前面说过，在初步设计阶段，你就会开始面临协调其他专业人员工作的情况。其实，这种协调工作，在项目全流程中都会有所涉及，并且会随着项目的推进而逐渐增多。在实际工作中，这是让很多建筑师特别头疼的事，很多建筑师会被其他专业的人员质问"你这都不懂，来和我谈什么"。

所以，针对项目各个流程中的协调工作，我们为你准备了专门的应对方法。这些方法是邵韦平老师和刘晓光老师工作多年的实战经验，你可以拿来就用。

如何协调各专业人员配合自己的工作

初步协调：让所有专业有效配合、衔接

· 邵韦平

初步设计阶段涉及的专业人员众多，除了结构、设备、空调、上下水、弱电、强电等领域的专业人员，还有装修、灯光、景观、幕墙等小专业的人员。面对这样一个庞杂的工作团队，建筑师必须有协调、统筹的能力，让所有工种能有效地配合、衔接。

具体要如何协调呢？**首先，你要明确协调的核心原则，就是让各个专业的人员都围绕建筑整体效果开展工作。**每个专业的工作其实都与其他专业有衔接。比如，你设计了一个造型，里面不仅涉及结构工程师做的结构，还涉及机电工程师配备空调、上下水专业人员配备上下水等工作。这几个专业人员的工作，都需要你来协调。如果你在这方面有所失职，各个专业的人又不了解建筑的整体效果，他们自然就不会想着和其他专业的人配合，只想尽快把工作做完，甚至可能会直接把其他项目的常规做法拼凑到这个项目中，最后导致你

的设计变成拼凑式的菜单式设计。在现实工作中，方案设计得很好，盖出来的成品却非常平庸，很多时候就是这里出了问题。

其次，你要对各个专业有深入、理性的思考，对自己的方案进行合理的技术设置。如果你的设计非常夸张，现有技术无法支撑，那么即使各个专业的人想配合你也没办法。现在很多建筑师觉得自己掌握了足够多的理论，一味追求理想化，不考虑他人的能力，强迫所有专业的人配合自己，结果往往适得其反，要么设计效果实现不了，要么成本超出预算。而这些后果，都不是你能承受的。

最后，你要根据业主定下的交图时间，配合不同角色的需求，组织好初步设计的进度。比如，你要等其他专业的工作都差不多成型了再让装修设计专业的人进入，如果进入得太早，其他专业的工作还没做完，他们会不知道该做什么；如果进入得太晚，距离给业主交图的时间太近，他们的工作可能会来不及做完，导致延误工期。所以，建议你根据业主定下的交图时间和施工过程来确定什么阶段进入什么专业的人。

其中要注意的一点是，你要重点关注经济专业人员的工作，因为他们的工作是把其他专业的工作形成经济指标，一般在全部专业完工后进行。你需要考虑到他们的工作周期，让其他专业人员在给业主交图前提前完成自己的工作，用剩下的时间配合经济专业人员的工作。

协调其他专业人员的工作，需要你把各方面的因素都考虑清楚，只有这样才能保证项目进度。能把这项工作做好，就意味着你是一名成熟的建筑师了。

看了上面的内容，你可能还感受不到建筑师和其他专业人员之间的"壁"有多深。下面，不妨来看一下他们是如何看待彼此的。

建筑师对自己的看法：大师，建筑领域的龙头专业，其他专业人员的领导者；建筑师对其他专业人员的看法：你们都得听我的。

结构工程师对自己的看法：建筑的灵魂，帮业主省钱的高尚专业；结构工程师对建筑师的看法：根本什么都不懂，只知道乱画，而且还嘴硬不改图。

水暖工程师对自己的看法：建筑的血液，不可替代的专业；水暖工程师对建筑师的看法：连防火规范都不懂，防火分区都不会划分。

所以，为了更顺利地协调各专业人员的工作，接下来，你可以再看看刘晓光老师提供的沟通技巧。

专业协调：围绕目标，运用多重技巧

· 刘晓光

在和其他专业的同事打交道时，很多年轻建筑师都会遇到沟通不畅的情况：你去跟其他专业的人沟通一个事情，结果没说几句，对方就说，"叫你们负责人过来"；或者质疑你的专业能力，"你凭什么来跟我说这些？"碰到这种事，你可能会觉得很委屈，一方面自己确实不了解对方的专业，说理也说不过对方；另一方面，如果协调不好，建筑呈现的效果就难以保证。这时，你该怎么办？

你需要先对项目的整体意图有所理解。在去沟通之前，你要先和团队一起判断清楚项目的优先级是什么，以及想通过此次协调实现什么目标。把这件事想明白了，你就可以根据目标权衡这件事值不值得做，要花多大代价去做。如果没把这件事想明白，你就相当于把主动权和控制权交给了别人。结果很可能是，你去协调了半天，让各个专业的人配合你的工作，结果结构专业的人调整了，机电专业的人也调整了，大家都做了额外付出，看起来也实现了调整的目的，但未必最符合项目的整体利益。

当然，即便你把事情都想清楚了，如果只是去生硬地沟通，对方也可能会不愿意按你的意见调整，就想用自己顺手的方式做。更何况，建筑行业也存在老人轻慢年轻人的情况，即便你说得有道理，你有什么话语权让对方听你的呢？所以，在去协调前，你要先获得一定的授权，然后代表整个设计团队去沟通。这样，在其他专业的人面前，你的话语权就会比自己单枪匹马去谈高得多。

此外，在协调沟通时，你还需要使用一定的技巧。首先，你要说明进行这种调整对保证整体设计效果有多重要。比如，结构专业的人在房子正中间立了一根柱子，而你想把这里做成一个大的开间，让房间有更好的通透性和灵活性。在去和对方沟通时，你就需要说明这根柱子如何影响了使用功能，去掉它对整体效果能有多大的提升。

其次，你要换位思考，站在对方的立场，考虑到他的难处，建议可能的替代方案，替他解决问题。比如，你可以说："我知道这样做对你们来说有一定的难处，会导致结构跨度变大，但我们可以增加梁高，或者在旁边增加柱位，这样结构做起来不会太复杂，空间效果也能接受。"这么说，对方就会知道你不是在要求他做事，而是和他建立了平等的对话关系，他也就会愿意考虑设计上的需求并做出相应的调整。其实，各个专业的人员都很欢迎有成就感的挑战，建筑师要能够调动大家的集体工作热情。

这里需要强调一点，沟通技巧只是额外的加分项，真正让其他专业人员愿意与你对话的原因，是你足够了解对方的专业，以及具有合作的意愿和总控的能力。只有这样，你才能在一轮轮的协调中，始终把主动权掌握在自己手中。

协调完了其他专业的工作，你还要跨过一个让建筑师最头疼的坎儿——业主要求改设计。有一个笑话是这样说的：一名建筑师生病了，在医院昏迷不醒，医生用了很多办法都唤不醒他。家人在他身边哭天喊地，他也没有反应。直到他负责项目的业主来了，说了一句"不用改了，可以提图[1]了"，他马上就醒了。由此可见，业主频繁要求更改设计对建筑师的摧残之重。

接下来，我们就一起看看怎么应对这个建筑师注定绕不过去的"世纪难题"吧。

---

1. 建筑师给各专业工程师、业主提供的阶段性成果。

如何应对业主频繁要求改设计的情况

▎设计更改：针对不同原因，应用不同策略

· 刘晓光

反复被业主要求改设计，肯定是很多建筑师最反感的事之一。其实，这和我国建筑师的收费形式有很大关系。在美国，建筑师大多是按小时计费的，如果业主委托建筑师做一些超出合同约定的设计工作，就要按照建筑师额外付出的时间支付费用。在我国，建筑设计是按阶段收费的。只有某一阶段结束，建筑师才能收取设计费。在此期间进行的额外的设计修改，通常没有任何经济补偿。试想一下，一名建筑师每天加班到凌晨，终于把图纸画完了，业主方也认可了，可没过两天，业主方又要求改这改那，建筑师心里肯定会不痛快。但目前，大多数建筑师的生存现实就是如此。面对这样的情况，你该怎么办呢？

首先，你要明白，业主方不是存心刁难你，要求更改设计，更多的是出于自身的局限性，或者某些不可控因素。认清这一点后，你要学会用不同的策略应对不同的情况。

第一种情况，也是最主要的情况，就是客观形势发生了变化。比如，大的经济形势、市场环境发生变化，项目的定位、规模、开发设计策略、投资预算和建造周期等通常都要随之改变，可能导致原本是做办公楼的项目后来改成做公寓，原本是做文化中心的项目后来改成做商业中心。这种情况在行业里很普遍，甚至随时可能会发生，我们必须坦然接受。

遇到这种情况，建筑师要和业主一起面对并且调整设计。但是，你不能只停留在这个层面，而要主动面对问题，从中挖掘新的设计机会。毕竟，这时已经不是业主告诉你这样改或者那样改的问题了，业主很清楚他是在和你共同面对新的问题，也会更愿意给你设计话语权。比如，业主原本是找你设计一个传统、典型的商场，但后来他发现人们的生活方式已经变了，大家去商场不再是为了购物，而是为了社交。这时，你就可以建议业主将项目从以店铺、购物为主，调整为设置更多开放空间和活动空间，把整个商场的布局、动线等进行全盘调整。这些重大的调整，业主应当另外支付设计费用。

第二种情况，是项目设计做出大的调整后，业主方中下层的执行人员一时找不到明确的方向和着力点，但又要推进工作，导致你反复做了很多无效工作。

在这种情况下，设计貌似得到了一些推敲、打磨，你似乎也看到了一些新的可能性，但从整体上看，这本质上是一种内卷和消耗，甚至是为了做事而做事。所以，你一定不能继续这样消耗下去，而要去找真正能做决策的人，从源头上把设计意图和执行中可能会出现的问题解决掉。

第三种情况，是业主的主观诉求发生了变化。比如，项目的直接负责人或者主管领导更换，而他们对项目的认识、审美需求、趣味、认知等可能都和之前不一样，进而会对设计提出新的更改要求。

这时，你不能完全被动地接受，而要对这些新的要求做出价值判断，看它们是否符合项目设计的初衷，是否符合项目的根本利益，哪些地方可以让步，哪些地方绝对不能让步，等等。做出判断后，你要寻找和对方对话的机会。这不是指你要去和对方理论，而是指你要站在对方的角度，去理解他修改设计的出发点，然后用他能理解的语言跟他进行设计上的沟通。此外，形式的变通和表述的多元都是你的选项。

形式的变通是指，业主提出意见后，你吸取其中的一些审美特征，做一些不影响设计根基的调整。比如，原本你做了方形、直角的设计，整个建筑显得非常阳刚，但业主想要改成圆形的，让建筑显得更柔和。接受这种意见，虽然看似是"妥协"了，但改变的其实只有建筑的外部形式，建筑内部的空间关系、功能之间的关系等并没有发生变化，设计的主动权仍然掌握在你手里。当然，你也可以更积极一点，从审美和技术的角度发现、挖掘新的设计机会。比如，业主提出要把建筑做成圆形的，你是不是可以围绕自己的设计意图，利用圆的柔和性来做一些发挥？

表述的多元是指，虽然建筑师对自己设计意图的表达明确且清晰，但每个人会对此产生不一样的解读，有人会从中看到阳春白雪，有人会从中看到其他东西，所以你可以利用这一特点，在设计核心不变的情况下，针对不同的人讲出不同版本的故事，最终让业主理解你的设计，感到自己修改设计的需求被满足了。

当然，也可能会出现业主要求的更改方向与你的设计初衷完全背离的情况。比如，原本你对建筑设计的表达是呈现开放性，但业主要求你将建筑改成只为小部分特定人群服务，经过各种沟通，对方仍然毫不让步，那你就要考虑是否放弃这个项目。这也是一名建筑师必须具备的魄力。

不过，以上都不是最糟糕的，最糟糕的是**第四种情况——因为建筑师自己的问题，导致设计不得不更改**。也就是说，建筑师的设计陷入了瓶颈，或者原来的工作习惯、应变能力等导致你无法应对业主提出的新要求，所以被业主要求更改，或者被要求多做几个方案，重新与其他团队的方案进行比较，又或者是设计直接被喊停。无论是对建筑师还是对业主来说，这都是一种消耗。如不及时摆脱，可能会陷入恶性循环。

你能做到的，就是精益求精地要求自己，保证交给业主的设计就是自己认可的、最好的设计。

跟业主打交道极其需要韧性，但在这种被要求、被评价的环境中，你可以用不同的方式达到同样的设计意图，在与业主的你来我往间，始终将主动权掌握在自己手中。

▌洞察需求：看到业主改设计背后的原因

· 青山周平

当业主向你提出更改设计的要求时，**你不能只看到表面上他要你改什么，还要看到背后的原因**。业主不是专业人员，他提出的要求本身可能有考虑不完善、不合理的地方，但他要求改设计肯定是有理由的，有时理由还不止一个。因此，作为建筑师，你必须从专业角度过滤业主提供的信息，发现他的潜在需求。

举个例子。在做苏州景与酒店项目时，一开始我把酒店房间层高净高设计为 3.7 米，业主也是认可的。但之后，业主又觉得层高太高了，希望改为 3 米。面对这种情况，有的建筑师可能会非常生气，觉得你之前明明已经认可了，现在

又要改，太反复无常了。还有的建筑师可能会觉得 3 米和 3.7
米只差 0.7 米，应该没什么影响，于是直接按照业主的需求降
低层高。但事情不能这么简单地处理，建筑师应该先问业主
为什么想这么改。

当时和景与酒店的业主方沟通后，我了解到他们想更改
设计的原因有两个：一是担心层高太高，空间比例不对，怕客
人住起来会不舒服；二是他们有成本上的顾虑，担心层高太
高，空调能耗会增加，相应的运营成本也会增加。

找到原因后，**你不能只靠语言去说服业主，而是要站在
业主的立场，运用自己的专业知识帮他做出合理的判断。**

针对第一个原因，我找到了其他案例作为参考，利用其
他酒店客人的反馈和业主沟通，让业主明白，对客人来说，
3.7 米的层高不存在任何感受、体验上的问题。

针对第二个原因，我跟他们进行了仔细的沟通——原本
3.7 米的层高设计，虽然会增加空调的能耗和运营成本，但这
一层高不只是为空间服务，也是为建筑的整体造型和独特的
体验感服务。从品牌传播以及用户对品牌的记忆度等方面来
说，3.7 米的层高会更有利于整体的收益。就这样，业主打消
了原本的顾虑，对 3.7 米层高的设计形成了更多考量和认识，
并最终接受了这一设计。

虽然面对的项目不同、业主不同，遇到的问题也不同，但和业主沟通的核心是不变的。如果你只是一味地满足业主的需求，一再更改设计，你的专业就无法体现出来，建筑呈现的效果不好，业主也不会真的满意。

请注意，"业主方"是统称，它其实包括公司、集团和个人业主。这也就意味着，很多时候，你要同时面对不同的设计意见。比如，一个集团里有总部和分部，你设计的项目是给分部做的，设计费由分部支付，但总部有更高的决策权，两个部门经常意见不一致。这时，你应该怎么办？别担心，我们已经为你准备好了应对方法。

意见分歧：不止凝聚共识，更要获得关键决策

·刘晓光

请你思考一个问题：你主导设计了一个复杂的综合体项目，里面同时有酒店、办公楼和商场，在和业主方各个部门的人一起开会时，每个部门的人都对设计提出了自己的诉求，而且都有自己的理由，这时你该怎么办？听谁的，不听谁的？你要调整哪些设计，保留哪些设计？

如果你打算各个击破，分别与不同部门的人沟通，那就是走了下策。这样下去，你会越来越累，甚至不得不一直奔波在各个部门的指令中，等待对方达成共识。

相比于各个击破，**更合理的处理方式是通过你的专业知识和见解来帮大家建立共识。**要做到这一点，你不能完全站在局部立场思考问题，而要清楚各个部门的诉求和利益所在，然后站在客观的立场，做出整体上最有利于项目推进的判断。

比如你做的是一个商业集团的综合体项目，里面有商场、酒店、办公楼，但场地只有一个朝外的主要入口，到底是把商场放在那儿，还是把写字楼或者酒店放在那儿？每个部门的负责人都来找你，商场的负责人说商场需要人流量，肯定要在主入口的位置；办公楼的负责人说自己是总部，把项目做成超高层的地标性建筑，带来的影响力肯定比商场大，因此总部应该在主入口处。这时你要怎么办？

首先，你要和集团负责人一起做一个价值判断：在整个集团的规划里，这个项目的定位是什么？其次，你要根据项目定位，从周边环境和建筑空间的整体关系来判断主入口处建什么更合适。比如，集团希望这个项目能对社会产生影响力，在显著位置建一栋总部大楼可能更合适。与此同时，需要兼顾商场的流量需求，但商场的入口比较小，把它放在主入口处会显得很局促，在那儿建一栋总部大楼反而可能更合适。因此，可能会产生一个二者结合，甚至与城市空间结合的设计。这样你就能基于客观判断后的信息，让各个部门的人明白，这是一个不削弱任何一方利益，对整个项目发展更有利的方式。这样的处理方法很好，但仍然只是中策。

上策是杜绝这种各自表达诉求的情况发生，一开始就要求业主给出一个统一、明确、整体的意见。想做到这一点，你首先要明确业主方真正能做决策的人是谁。在实际工作中，决策者可能是某个人，比如公司创始人或者 CEO，也可能是某个圈层，比如公司董事会，大家通过投票决定各项事宜。但你要注意，在中国的文化系统中，即便公司是集体决策，最终的话语权也可能掌握在某一个人手中。所以，你一定要找到业主方的主要决策人，跟他达成设计共识。

当然，从客观层面来说，想要越级与业主方的决策者沟通，肯定是有一定难度的。如果很难做到和对方直接对话，你就需要把问题反馈给自己的领导，由他来跟对方沟通。

总的来说，在与业主方的沟通中，建议你先使用上策，上策走不通再选用中策，实在没办法了才用下策。如果所有路都走不通，你就不得不接受一个很残酷的现实——你所在的平台可能没什么话语权，你受到的尊重不够，或者是你的专业能力、协调能力的确需要加强了。

随着你做项目的能力、与其他专业以及业主方协调沟通的能力越来越强，你一般会面临两种发展路径。第一种，是像行业里的众多建筑师一样，工作七八年或者十一二年后，自己独立开工作室；第二种，是带领团队做出更好的项目，或者成为平台中的关键人物。无论选择哪种发展路径，你都会面临同样的挑战——如何获得项目。

行业里，建筑师获得项目的途径主要有两种，一种是业主委托，另一种是业主发起招标。

业主委托，是指业主曾经和某个建筑师合作过，或者对某个建筑师比较了解，又或者是比较信任、欣赏某个建筑师的专业能力，所以直接委托该建筑师做项目。

业主发起招标，是指业主针对某个项目发起招标，来自全国各地甚至世界各地的建筑师根据招标要求进行激烈竞争，最后受到业主认可的人才可以获得项目。通过这种方式获得项目非常不容易，本书受访建筑师也有多次失手的经历。接下来的内容，就是带你了解如何在竞争中赢得项目。

当然，在获得项目这方面，刚刚独立开工作室的建筑师，与非常成熟或者有更多资源的建筑师肯定有所不同，所以我们先从独立执业初期的建筑师开始，然后逐渐深入。

如何突破重围，赢得项目

独立执业：两条路径拓展项目来源

·青山周平

　　相对于其他职业，建筑师想独立开工作室并不算特别难。比如，你想开家奶茶店，初期最起码需要有十几万元到二十几万元的投入。但建筑师只要有台电脑就能做设计，所以很多建筑师初期都是在家里办公，把家当小型工作室用，和几个要好的建筑师一起合作接项目，唯一的成本就是时间成本。

　　那么，在独立初期，最难的是什么？你可能会觉得是缺少项目。但根据我的亲身经历以及我对同行的观察，一般建筑师在工作几年后都会有一些熟悉的业主，周围朋友也会介绍一些小型项目，所以初期在获取项目上并不会十分困难。我觉得，真正困难的是，如何从做小型、私人、预算不多的项目，拓展到能接规模大、预算高、具有社会效应或者品牌效应的项目。

　　这时应该怎么办呢？如果你现在去参加大型竞标项目，

也很难突出重围，拿到项目。所以在此阶段，你可以从增加自己的知名度和曝光度入手，让更多人有机会看到你。我觉得有两条路可走。

第一条路是参加竞赛[1]。需要注意的是，这不是说你要去参加国家级，甚至国际级的项目竞赛，而是要去参加与你当前的能力、声誉相匹配的竞赛。否则，以你当前的经验和能力，很可能准备了许久却连初选都过不了。此外，你还要明确，参加竞赛的目标就是赢，是获得第一名。至于如何赢得竞赛，你可以参考以下几个策略性方法。

第一，收集、研究各个方面的信息。首先是评委的信息，如果评委中有建筑师，你要着重了解他的建筑思维、建筑理念和作品。其次是过往赢得竞赛的项目信息，你要根据这些信息，总结出竞赛的特点，就像高中生都要刷往年的高考真题一样。把这两方面的信息结合起来，你就能大概推测出评委对设计方案的倾向性。最后，你还要研究和你一起参加比赛的都有哪些建筑师，他们有可能会根据评审特点做哪些方向的设计。

第二，在上一步的基础上，你要用与其他建筑师完全不同的方式来做设计，避免与他们采取类似的设计角度。当然，

---

1. 此处的竞赛特指更倾向于概念方案设计，或者更倾向于评选出好的建筑理念的比赛。只做方案的比较，而非为了实际建成一个项目。

这并不意味着你要用自己完全不擅长的设计方式。拿自己的短处和别人的长处比，大概率会输。这是指你要用自己擅长的方式做出和其他人不一样的设计。只有这样，你才能有更大的概率获胜。

第三，针对竞赛的不同阶段，你要有不同的策略。要知道，竞赛都是先在几百个建筑作品中进行初选、淘汰，最后在几个设计方案中进行评审。所以，在竞赛初期，你的方案不能呈现太多建造细节，而要更多地呈现独特的效果，防止一开始就被筛掉；到了中后期，你的方案就不能再重点呈现视觉效果了，而要更多地呈现设计的逻辑性、科学性和可落地性，因为这时评委会看得非常细致。

第四，在向评委陈述自己的设计时，你不仅要清楚呈现自己的设计思路，更要说明为什么没有选择与其他参赛者类似的设计方向。举个例子，如果其他建筑师的设计大多是方形的，而你的设计是圆形的，那么，你可以先说明为什么方形的设计不合适，然后再陈述自己为什么选择圆形的设计。这样，评委就会更深入地理解你的设计思路，你的方案被选中的概率也会提高很多。

第二条路是累积好的建筑作品，合理运用媒体资源。好的建筑的维度是非常多元的，如果你的建筑作品在外观、材料使用和建造方式上有独创性，建筑最终能实现一种与众不同的生活模式或运营模式，或者对当地的自然环境和文化进行了独特的解读等，那么你就可以用该作品向国内或国际上的设计奖项投稿。这样的奖项一般都会有媒体参与跟踪报道，如果你能获奖，当然有机会获得更多报道；即便不能得奖，你的建筑也有机会被媒体看到。一旦有一家媒体进行报道，一般紧接着还会有其他媒体跟进报道。不过需要注意的是，此时进行报道的一般都是建筑圈的专业媒体，关注的也是建筑圈的人，这可能会让行业里的人更加认可你，但不一定能让业主关注到你。所以，你还需要和一些跨界媒体合作，让自己的作品和建筑理念被大众看到。

不过，大众对建筑的理解与专业人士肯定是不一样的，因此你可以把自己的建筑理念和一些大众话题结合起来，比如对城市的思考、对家的理解、对空间的思考等。在这方面，安藤忠雄是一个典型的代表。他经常给非建筑专业的人开讲座，在讲座上，他会更多地讲述自己的生活方式、人生态度等，借此让大众了解他和他的建筑。当大众都能了解你时，业主也会关注到你。

▌获得客户：发现业主想要但没想到的需求

·邵韦平

　　《孙子兵法》中讲："知己知彼，百战不殆。"这一点也适用于建筑师获得客户。知己，是指你要基于自己的能力和经验，确定一个项目是自己可以掌控的，这样赢的概率才会大。知彼，是指你要对业主的项目进行深度解读和理解，知道业主为什么建这个项目，业主有什么条件支持建这个项目，项目建在哪儿，业主想通过这个项目达到什么目的，等等。当然，这并不意味着你要机械性地满足业主的所有需求。相反，**你要结合自己的经验、理解和判断，发现业主想要但没想到的需求，只有这样才能打动业主。**

　　在这方面，非常典型的一个例子是国家大剧院项目的竞标。当时一共有 10 个国家的建筑师、69 个设计方案参与竞争，其中不乏国际顶级建筑大师。可想而知，这场竞标有多激烈。不过，当时大部分设计方案都停留在展现传统大剧院的功能上，要么是比较分散地设计了单独的演播厅、观众厅、舞台、前厅等比较功能化的空间，要么就是一些中国建筑师设计了一些传统的柱廊，整体设计得比较古典。这些方案都没有超出业主的预期。

　　但保罗·安德鲁的设计方案就不一样了。他通过一个巨型的外罩，把歌剧院、音乐厅和戏剧场三个功能大厅整合为一个整体，让大剧院的视觉效果突破了传统的剧院建筑。而且，三个功能大厅又在大罩子中围合，中间形成了一个大的共享大厅。观众要先到共享大厅，再进入不同的功能大厅欣赏演出，从而创造出了非常独特的剧场体验。这种设计既满足了剧院的功能需求，又超出了业主的预期，满足了业主想要但没有想到的需求，所以最后他的设计方案脱颖而出，获得了业主的认可。

那么，究竟要怎样才能做到这一点呢？首先，你要进行换位思考，站在业主的角度，根据他已经提出的需求来挖掘还有哪些隐藏信息是他没有想到的。其次，你要从这些隐藏信息中找到机会，让业主意识到你替他想到了他没有想到的内容。这样，他就会对你有更多信任和认可。

比如，之前有个企业找我们团队做总部大楼的设计，他们的需求就是要显得高级，但他们也说不清具体什么是高级，只能说出一些非常虚的感受。当时，我认为这个项目在交通组织上有一个潜在的机会，就是可以在大楼内为企业高管和贵客设计一个独特的专享电梯，让他们能直接从一楼到达要去的办公室。我把这个想法提出来以后，业主方非常喜欢。

其实，这种工作方式也是我们能拿下凤凰中心项目的关键原因。凤凰中心项目业主的需求是，建筑要与众不同，有独特性。但他们只能进行一些抽象的表述，具体项目要做成什么样，他们也不知道。所以，他们连续进行了两轮招标，国内数位优秀建筑师参与竞标，却都没能确定设计方案。直到第三轮竞标，我们团队加入并提出了以寓意无限循环和永恒的莫比乌斯环概念（见彩插图 8、图 9）做设计方案，业主才确定要在我们和另一个团队的方案之间做选择。

但那时，我们仍处于弱势地位，因为另一个团队的设计方案比我们的更夸张，看起来更符合业主对独特、与众不同的需求，业主也确实一度更倾向于那个方案。一直到深化方案设计阶段，我们才扭转了局势。我们是怎么做到的？

在深化设计方案阶段，我们调转方向，从业主的功能需求出发来思考。业主的基本功能需求是凤凰卫视总部办公楼加演播厅。此外，业主还希望观众可以进来参观演播厅。在此基础上，我们就思考：建筑空间开放的程度是多大？是只满足观众参观演播厅的需求就可以了，还是要更开放？最后，我认为开放程度可以更大，于是我们设计了两个具有感染力的公共活动空间，不仅可以满足观众参观演播厅的需求，还增加了公共交往空间。这都是业主想要却没有想到的。方案出来后，莫比乌斯环的创意，加上超出业主预期的公共活动空间功能，我们一下子扭转局势，赢得了项目。

其实，在决定盖一栋建筑时，业主心里对建筑肯定是有预期的。但既然选择进行招标，他肯定是期待能有比自己预期更好的设计方案。所以，满足业主想要但没想到的需求是其隐形的心理期待，也是建筑师的专业能力所在。

竞标技巧：策略与技术相辅相成

· 邵韦平

想要从一众竞争对手中脱颖而出，赢得项目，你还需要一定的技巧。具体来说，这分为两个方面，一方面是在设计开始前制订竞标策略，另一方面是保证你的创意必须有可靠的技术支撑和技术创新。

先来看在设计前制订竞标策略。首先，你的设计一定要符合整个行业的发展趋势。比如，国家提倡低碳、节能、绿色，那么这些就是你设计方案的标配。其次，你要研究业主的文化特点。如果你的方案不符合业主的文化特点，你就很难获得业主的认可。

举个例子。在中央电视台总部大楼项目竞标时，雷姆·库哈斯[1]仔细研究了央视的企业文化——作为国家电视

---

1. 荷兰建筑师，OMA（大都会建筑事务所）首席设计师，第22届普利兹克建筑奖获得者，代表作品有法国图书馆、荷兰驻德大使馆和中国中央电视台总部大楼等。

台，央视希望建筑展现出自己的行业地位及其宏伟的形象。于是，库哈斯最终的设计采用了非常大胆、夸张的造型。如果是对一个讲究务实的业主来说，这样的设计方式肯定就不合适了。比如，作为一家高科技企业，小米公司讲究品质和务实，对设计的需求是不要很夸张。于是，我们团队在参与小米总部大楼的竞标时，把每栋楼的表皮都设计成同一种风格，彰显出小米务实、有品质的企业文化。最终我们竞标成功。

再来看看技术支撑和技术创新。首先，你必须保证自己的方案有完整的技术支撑，让业主知道这个方案是可以实现的。比如，你为建筑的表皮设计了一种形式，就必须能够依靠幕墙、石材等技术对策把它表现出来。如果你摸准了业主的企业文化，也有特别好的创意，却没有完整的技术支撑，那么方案也很容易被业主淘汰。我在从业过程中见过很多这样的例子。

其次，只有技术支撑还不够，如果想提高胜率，你还要有技术创新能力。这是因为只采用前人已经用过的技术，只能给建筑带来一些小的局部的变化，而技术创新会为建筑设计带来质的飞跃。比如，2008 年北京夏季奥运会场馆中标项目中，鸟巢是通过一种具有现代感的钢结构打造出了独特的造型；水立方则是在没有任何可借鉴案例的情况下，使用了特别定制的结构体系，呈现出我们所看到的大大小小的水泡肌理。这两个建筑都是依靠强大的技术创新才完成的。可以说，在项目竞标的过程中，技术创新能力是让你和其他设计方案拉开差距、获得项目的关键性原因。

接下来，我们就要来到"进阶通道"的最后一部分了。如果你已经有独立做设计的能力，并且考虑离开一线城市，去往其他城市发展，那么这部分内容一定非常有参考意义。

如果想换个城市开独立工作室，要如何考量

· 青山周平

近几年，建筑行业经历了剧烈的变化。与此同时，很多在北京、上海等一线城市工作的建筑师，不仅要面对高昂的生活成本、巨大的工作压力和激烈的竞争，还很难找到上升的机会。所以，你可能会有一个疑问：难道建筑师只能在一线城市工作吗？如果换到其他城市发展会怎么样？

这几年，日本和中国都出现了类似的情况，很多原本在一线城市工作的年轻建筑师，由于种种原因，最终选择去其他城市工作。我们事务所之前就有同事离开北京，去长沙开了一家独立工作室。根据我目前的观察，如果是到成都、杭州、重庆、长沙这样的新一线或者二线城市开工作室，也能拿到很多项目，收入情况也会很不错。

不过，一个不争的事实是，一线城市的资源更集中。虽然在新一线或者二线城市工作也不用为项目和收入发愁，但

你可能会在另一些方面有所缺失。比如，你可能会失去与好的业主合作的机会，可能会失去与高水平的建筑师共事的机会，可能会失去了解各个行业最新发展情况的机会，甚至可能会失去在知名高校任教的机会。此外，你在媒体资源和专业资源的积累，以及对大众新生活方式的了解上可能会有所欠缺。相应地，你对建筑的审美、思考和设计能力也会受到影响。

当然，在新一线或者二线城市工作，最严重也最核心的问题是，你可能会成为一个什么项目都能做，但没有个人特点和突出能力，也没有代表作品的建筑师。而且，随着协作越来越便捷，即便是相对偏远地区的项目，对设计有追求的业主也会直接找北京、上海的一线建筑师，甚至是隈研吾[1]这样有国际声誉的建筑师来设计。面对这样激烈的竞争，你拿到好项目的机会会更小。

如果你想去其他城市开工作室，又希望尽可能不要陷入上述困境，那么，下面这两点可能会对你有所启发。

第一，你要给自己确定一个清晰且有别于其他建筑师的定位。要做到这一点，你就要在选择城市时想清楚自己的建筑设计和这座城市之间的关系。你可以问自己这么几个

---

1. 日本著名建筑师，享有极高的国际声誉，代表作有日本高柳町社区中心、中国长城脚下的公社·竹屋等。

问题：

· 我为什么要选择在这座城市做设计？

· 这座城市有什么特别吸引我的地方吗？

· 我的设计会给这座城市带来什么？

· 这座城市的哪些元素有可能会被我用到建筑设计中，并让我逐渐形成自己独特的建筑理念？

当你真的弄明白了这些问题，并能用建筑设计表达出来，即便是在非一线城市，你也会形成自己的竞争力。在这方面，刘家琨就是一个非常典型的代表。他一直生活在成都，不断用成都的文化元素做设计，形成了自己非常独特又具有全球性的建筑特点。现在，很多去成都的人都会专门去参观他设计的建筑，而在成都之外的业主也会主动找他做项目。当然，要达到这种程度需要一个过程，肯定不是一朝一夕之间就能完成的。

第二，在有了明确的定位和方向之后，你要对所处城市一些鲜明的特点形成新的思考和理解，并将其不断运用到建筑设计中。

对于这一点，我深有感触。我是一个生活在北京的外国人，北京的一切对我来说都非常新鲜，这也让我天然就拥有一种新的视角去理解北京的文化。比如，很多中国人都觉得胡同生活代表的是北京的传统文化，是属于过去的。但我在北京的胡同里住了十年，通过胡同发现了一种属于未来的生活。我当时住的房子很小，厨房只有两三平方米，但凡有两个人同时在做饭，就会觉得很拥挤。但是，我并没有觉得自己的居住体验和生活的丰富程度受到了影响。为什么呢？我家没有冰箱，但我出门走几步就能到一个蔬菜摊，那儿就相当于我的一个天然冰箱。我家也没有书房，但我可以在胡同里的小咖啡馆接待朋友。而且，胡同里还有一个很有趣的现象，就是居民会把自己不用的桌子、椅子、沙发等摆在外面，所有人都可以使用，于是大家经常聚在一起下棋、聊天，甚至还有人会在胡同里帮人剪头发。

正是因为有这些新的观察，我接了很多关于胡同小空间设计的项目。同时，我还将这些观察和思考运用到了一些看起来和胡同没有直接关系的项目中。比如，400个盒子共享城市社区项目（见彩插图4）就是根据我在胡同的生活和观察设计的。当然，因为我有这样的经历，很多业主在希望项目设计更具有人文性，或者想通过一个项目表达人与生活、环境的关系时，也会找到我。

总的来说，更换工作城市的核心不应该是减轻压力，而应该是在更适合的环境中寻求更多元的发展。

　　到这里，你就完成了"进阶通道"部分的职业预演。你一一经历了建筑师职业生涯中压力最大也最为关键的阶段，了解了一个建筑项目全流程的工作，知道了如何与不同专业、不同诉求的人员打交道，也获得了从激烈的竞争中赢得项目的方法。祝贺你，又收获了不少智慧！

CHAPTER 4

第四章
高手修养

现在，我们来到了第四章——"高手修养"。

按照职业预演的路径，行进到此处时，你很可能已经有了自己的建筑事务所，或者已经成为所在团队的主创建筑师，又或者正在往所在平台的最高职位等级攀登。你对建筑已经有了完整、系统的看法，对行业也有了清晰的认知。在你眼中，那些曾经以为难以跨越的难题，或许已经成了一件再普通不过的小事。不过，这并不意味着你不会再面临挑战了，相反，这时的挑战变得更复杂了。

这时，你不能再局限于完成建筑项目，还要力求设计出超越行业水平的优秀建筑作品，解决行业里的复杂难题，以及带出一个优秀的团队。这三项挑战，共同组成了你在高手阶段必须具备的综合能力。

针对第一项挑战，我们撇弃了诸如建筑理念、天赋等更仰仗于建筑师个人悟性的建议，提取出了可供大多数人借鉴的方法。

针对第二项、第三项挑战，我们分别请邵韦平老师和刘晓光老师分享他们的心法。

这部分内容，是了解高手建筑师所面临的种种挑战与思考的过程，也是收获启发的旅程。现在，我们就一起启程吧！

如何才能设计出优秀的建筑作品

统筹能力：永远在"交响乐团指挥家"的位置

· 邵韦平

　　在行业里，每个专业的人都有自己的独立决策权，大家平等程度差不多。比如，你设计了一个空间方案，结构工程师给你结构安全上的配合，机电工程师给你机电设备上的配合。但是，各个专业的工作成果简单地组合在一起会出现很多矛盾，这种不加整合、简单拼凑出来的建筑只能变成一个低标准的建筑。

　　所以，我一直主张，如果你想成为一名优秀的建筑师，就要在建筑设计的每个阶段都当好"交响乐指挥家"的角色，让每个乐师（各个体系的专业人员）的设计成果整合在一起之后，达到最佳的交响乐效果，也就是形成建筑整体的效果。其实，这就是建筑师的统筹能力。

　　世界上厉害的建筑师都有强悍的统筹能力。举个例子。贝聿铭在日本设计的美秀美术馆里，有的钢结构是直接裸露在建筑空间中的。原本应该粗糙、突兀的钢结构，在这一建筑中却显得非常精致。这是因为贝聿铭在钢结构中定制了一个凹槽，固定钢结构的螺丝钉拧紧之后，螺栓头可以嵌在凹槽内，和钢结构的外截面齐平。不要小看这一个小小的凹槽，贝聿铭可是统筹、调动了结构专业、生产方、安装工人等专业的人员共同配合，才达到了这种理想效果。否则，钢结构就会像那些铁路大桥一样，上面都是铆钉，显得非常粗糙。

再举个例子。在设计香港汇丰银行总部大楼时，诺曼·福斯特通过巨型结构把建筑架到了半空中，留出了开阔的地面公共空间，让来往的人可以在此处停歇，使用这些公共空间。建筑的内部空间也不是常规的封闭写字楼，而是被一分为二，一边作为银行办事大厅，一边作为办公空间，因此创造出了一个开阔的中庭。来办事的人可以从建筑底部乘两台超长扶梯抵达这里。乘扶梯进入汇丰银行时，人们会感到自己正在通往金融和财富的空中之城。没有福斯特对结构、机电、电梯等专业强大的统筹能力，这栋建筑不可能呈现出如此独特的空间体验。

上面提到的是设计大空间的例子。因为大空间需要结构来支撑、表现，所以建筑师需要统筹结构工程师、生产厂商等。而做住宅项目时，建筑师要统筹的是更细的部分。比如，制作房间石材台面转角时，如何让建造的人把台面转角的半径做好。

做不同项目，在不同阶段，建筑师要统筹的重点有所不同，但有一点是需要一以贯之的，那就是建筑师必须站在"交响乐团指挥家"的位置去统筹其他专业人员的工作。

资源运用能力：使用框架体系运用资源

· 邵韦平

建筑行业会耗费大量社会资源，而你能不能做出好的建筑作品，其实也仰仗于你对资源的运用能力。也就是说，你要有能力调动、组织与项目有关的方方面面的资源，进而让你的设计呈现得更完美。

在这方面，我深有感触。在我们和福斯特合作设计北京首都国际机场T3航站楼时，我观察到，福斯特的团队会与各界顶尖人士合作，通过强强联合的方式让建筑设计达到最佳效果。比如，他们联合了蔡国强、徐冰这样的顶级艺术家，一起合作进行室内艺术品的设计。而当时，甚至是现在，国内很多建筑师做项目时都没有运用社会资源的概念，观念一直停留在肥水不流外人田上。然而，什么都自己做，结果就是什么都做不精，建筑作品自然也就无法突出。

在跟福斯特合作过之后，我把他们的工作方法移植到了我们日常的设计工作中，而这让我们团队的设计有了非常大的进步。但建筑行业涉及的社会资源非常庞大，涉及的社会面也特别广，上游有投资方、规划部门，下游则有做装修、景观、灯光、产品设备、施工、物业管理等具体事项的人，怎样才能更好地运用各种资源呢？

首先，**你要建立起自己完整的建筑设计的框架体系**。只有这样，你才能在如此复杂的环境中，清晰地知道建筑的不同环节会涉及哪些角色，这些角色又会如何与自己产生交集，进而可以提前掌握他们的需求，让设计中的每一步都更加成熟。

举个例子。很多建筑师认为物业管理部门是建筑建成后才会涉及的，在设计时可以不管。但实际上，物业管理部门与建筑设计中的机电管理布置密切相关。如果你把所有机电都集中设计在一个区域，物业管理部门管理起来会很方便，建筑的可使用范围也会更大，业主的收益自然也会提升。但如果你把机电位置设计得非常零散，不仅物业管理部门不方便管理，建筑的可使用范围也会减小，业主的回报空间自然也就少了。如果在设计之前就有一个完整的框架体系，你就可以提前和物业方面的专家沟通，听取他们的建议，让你的设计更合理。同理，你也可以按照这样的逻辑来与艺术家、产品供应商、消防专业人员等进行沟通、协作。

其次，整个框架体系里涉及的各个专业，每年都会出现很多新技术、新理念，如果只靠在工作实践中接触是远远不够的。所以，**你平时就要有意识地关注顶级的设计成果和设计理念，把它们和自己当前的工作相结合。**只有这样，你才能在运用时保证各个角色都发挥出最高水准。比如幕墙专业的工作，传统的玻璃幕墙是在一整块玻璃上开小窗，但这样会造成玻璃窗的分格比较细碎，让建筑看起来线条不够简洁，缺乏独特性和通透性。现在更好的做法是，直接在实墙上开一个大玻璃视窗，玻璃视窗只承担采光和观景的功能，把通风口放在建筑隐蔽的地方。这样既保证了室内通风的需求，又让建筑整体上更具美感，使用者的感受也会更好。

研发能力：做出开拓性建筑的基础

· 邵韦平

每个建筑师都希望自己能做出独特、有影响力的建筑，希望自己设计的建筑能成为地标性建筑。但是，这样的目标不能只依赖于创意，还要依靠技术研发能力。只有研发出独属于自己建筑项目的技术支撑，你才能让自己设计的建筑有更突出的表现力。

举一个很有代表性的人物案例——我们团队合作过多次的扎哈·哈迪德。在很多年里，她一直被称为纸上建筑师，因为她设计的建筑没有技术支撑，一直无法实现。一直到 2000 年前后，得益于数字科技的进步，她才把自己的设计变成了现实。

丽泽 SOHO 是由哈迪德团队主创，我们配合完成的合作项目。设计团队把这个项目的建筑轮廓设计为富有动感的曲面，从外观上看，这是一栋有着动感曲面轮廓的建筑，实际上却是两座流线型塔楼（见彩插图 10）。塔楼分立在地铁联络线两侧，如 DNA 双螺旋结构盘旋而上，各层平面逐层旋转至 45 度，两栋塔楼之间是一个近 200 米高的中庭空间，最终呈现出一种复杂而又丰富的非线性建筑形体结构。不管是从设计效果，还是从空间体验的角度来看，都非常震撼。但是，这也意味着建造时会面临很大的问题，因为大部分常规的结构都是直上直下的，而这种结构从建筑剖面看特别不合理，进而可能会导致建筑外墙产生偏移。

当时，设计团队一起研发了支撑建筑的双塔连体结构，每个单塔都围绕中庭螺旋上升，外围框架均为弧形。单塔采用钢筋混凝土筒体、单侧弧形钢结构框架的结构体系，两个单塔之间由 4 道跨度为 9 ～ 38 米的弧形钢连接，组成一个整体,形成反对称复杂双塔结构体系(见彩插图11)。因为混凝土承压比较好,钢的抗拉性也比较好,所以能为安全性提供双重保证,同时又能支撑建筑的扭曲效果。就这样,哈迪德的设计得以实现,我们也创造出了世界上最高的建筑中庭。

弗兰克·盖里也是一位研发能力非常出众的建筑师。比如,他设计的华特·迪斯尼音乐厅,其造型模拟了海边风帆的效果。如果使用常规材料,很难达到预期的设计效果。于是,他研发了异形的板墙材料,这些材料由钛合金的金属板制成,每一块都做成了非标准的异形曲面,这才创造出了海边风帆的效果。在此基础上,这一建筑具备强烈的表现力,成了具有开拓性的建筑。

除了统筹、运用资源和研发这三项关键能力外,在设计过程中,建筑师还需要和客观的物理环境,甚至是看不见的各种危险因素做斗争。只有处理好这些难题,才能设计出被广泛认可的建筑。但是,这些难题,不是每个都要花费很多时间去处理的,而是要摸到规律、举一反三。接下来,我们就来看看邵韦平老师在做中信大厦项目时总结的方法。

如何应对高难度的复杂问题

▎分解难题：看清难题才能靠近答案

·邵韦平

建筑师是一个需要不断解决各种问题的职业。随着经验越来越丰富，你负责的高难度项目会越来越多，需要解决的问题也会越来越多。这时，你不仅要有创造力，还要有多维度分解难题的能力。只有学会分解难题，你才有机会找到解决办法。这一点，在我们团队设计中信大厦的过程中体现得尤为明显。

中信大厦高达 528 米，是北京目前最高的建筑。这种高度的建筑，是行业内最复杂的建筑工程类型。在做这个项目时，我们就把所面临的众多难题一一进行了分解，具体分解为以下四个典型难题。

第一，由于建筑楼层高，材料和结构的重力会非常大。以电梯缆绳为例，如果采用普通的钢缆绳，光钢缆绳的重量就有几十吨，而且还要考虑在长期运营时缆绳会来回转动，进而会造成很大的压力。

第二，超高层建筑很多都是地标性建筑，容易成为极端分子的攻击目标。比如，美国地标性建筑世贸大厦就曾受到极端分子的攻击。

第三，超高层建筑的消防问题是一大难题。目前世界上最先进的消防车，最多也只能升高到100米，如果超高层建筑发生火灾，后果难以想象。

第四，超高层建筑人流聚集，内部交通压力大。很多在超高层建筑办公的人都有过这样的体验：到了上下班或中午吃饭的时候，人多得完全没办法下楼，或者下去了再上来时，要排队等更久的电梯。一两百米的超高层建筑都会出现这样的问题，可想而知，供1.2万人办公的中信大厦内部的交通压力会有多大。

当你能把面临的难题分解清楚时，方向和答案也就清晰了。针对第一个难题，还是先以电梯绳索为例，我们采用了碳纤维缆绳，这种缆绳的重量只有钢缆绳的20%，重力大大减小。同时，碳纤维缆绳中还可以增加传感器，以实时监控其运行情况，这样安全系数也提高了。除了电梯绳索，我们在设计时还考虑到了重力带来的幕墙压缩变形的问题，在安装幕墙时，每一层之间都留出了变形缝。

针对第二个难题，我们在地下车库设置了垂直升降的路障，必要时路障可以升起来，阻止不法分子闯入。另外，我们在每层楼的入口都设置了道闸，这样就形成了层层关卡，如果真有不法分子想闯入，他也会被拦在外面。

针对第三个难题，因为现行条件无法支撑建筑的消防保障，所以我们更新了建筑消防的理念，强调建筑自我保护、自救。也就是说，要做到建筑绝对不能着火。我们选择的所有建筑材料都是不可燃的，以确保建筑自身没有可燃性。但这还不够，我们又在建筑中增加了一套智慧监控系统。整栋楼是完全智能化的，一旦有着火点，消防系统、喷头、烟感设施就会马上做出反应。现在我们还在尝试把传统的监控系统和数字功能结合起来，对建筑里的人和物进行跟踪、管理。比如，无论是大楼的管理人员还是访客，进门之后都可以通过扫描二维码进入微信公众号或者小程序，然后得到一个消防指引，一旦遇到火灾，就可以按照指引逃生。同时，这也能让管理人员实时监控人的行踪，一旦出现火灾，管理人员第一时间就能发现人在哪里，进而通过设备通知人们疏散、逃生。

针对第四个难题，我们采用了穿梭梯加区间电梯的方式。人在首层乘坐穿梭梯直接抵达我们设置的空中大堂，抵达空中大堂后，再换乘区间电梯抵达自己要去的楼层。穿梭梯一共分为五组，其中有两组专为地下空间和低楼层服务，另外三组可以分别抵达 31～33 层、59～60 层、90～91 层的空中大堂进行换乘。这样就实现了人群分流，人们就不用再像过去那样全在首层等电梯了。电梯的速度也有讲究。大厦中最快的电梯速度可以达到 10 米/秒，也就是说，从 1 层到顶层仅需要 1 分多钟。除此之外，我们还在空中设置了不同的服务区，吃饭、喝咖啡等需求都可以在大厦内解决。

建筑师每次做项目可能都会遇到新的问题，我在这里提供的是一种思路，也是一种和不同类型的问题打交道的方式。如果我们能有意识地把问题分解清楚，然后在"打仗"前进行排兵布阵，很多挡路的难题就会迎刃而解。

模块设计：寻找建筑规律，解决难题

· 邵韦平

在解决高难度建筑面临的难题时，还有一个可以使用的办法，那就是模块化。模块化是指按照内部功能，将一栋巨型复杂建筑划分为若干组建筑单元，每组建筑单元就是一个模块。

举个具体的例子。在设计中信大厦时，我们团队根据大厦结构的分区特征，将每两个结构分区合并成一个模块。模块化之后，后续的工作就有了方向——对每个模块进行单独设计。比如供电设备，供电有一个合理的供电半径，如果电源离得太远，能源消耗会非常大。现在可以按照模块化的概念，把一组楼设计为一个供电单元，每个单元里有一套独立的配电系统。相应地，物业管理、消防系统也是一个模块一套完整、独立的内容。之后，我们把建筑的地下室一直到地面五层作为中枢模块，将其设计为整栋大楼总的管理系统。这样，业主在管理、运营时也会很方便。

其实，模块化设计就是寻找建筑的规律，通过规律解决问题。要解决你在建筑上遇到的难题，不一定要完全使用这个方法，但你可以借鉴这种设计思路，把遇到的难题归纳、总结一下，从中找出解题规律。就像解数学题一样，一旦学会了用公式，就能很快算出答案了。

到这里，你就看完高手建筑师在设计部分的内容了。你也要暂别设计者这个角色，去面对管理者的角色了。

建筑师这一职业中的管理者分为两类，一类是项目经理，另一类是主创建筑师。项目经理并非严格意义上的建筑师，一般由曾经是建筑师或者有建筑学背景的人担任，主要工作是：在项目开始时了解业主的需求；在概念方案设计阶段提出项目本身对社会、经济产生的影响，并制订人员配置计划、时间计划、费用计划等；到深化方案设计和初步设计阶段，深入了解结构、设备、电器等多专业的内容，进行专业配置；到施工期，则要监督项目落实；等等。

主创建筑师并非传统意义上的管理者，而是一个建筑团队的主导者。用一个准确的词形容，就是"建筑师们的带领者"。主创建筑师往往具备良好的设计能力、与业主打交道的能力，以及带领团队做项目的能力。

建筑项目不同，每次的工作特点也会发生变化，所以建筑师团队通常不存在严格意义上的制度化管理。开始做项目了，主创建筑师提出设计方向，团队中的其他建筑师配合设计；出现设计问题了，大家坐下来讨论、研究并最终由主创建筑师做出设计决定。下面这部分内容，我们一起去看看优秀的主创建筑师是如何带团队的。

如何打造出优秀的建筑设计团队

┃团队影响：主创建筑师决定了团队特点

·邵韦平

很多人认为建筑师都比较有个性，建筑师团队在工作时，大家会各干各的，谁也不影响谁。但事实并不是这样的。每个主创建筑师都会对自己的团队产生重大影响。如果主创建筑师对建筑没有自己的想法，也没有特别的追求，这个团队就只能建造出平庸、常规的建筑，很难产生竞争力。

就拿我们团队来说，我对技术创新格外重视，所以我要求团队里的建筑师不能按部就班地做设计。建筑行业里有标准样式的设计图，像建筑的围栏、疏散楼梯等，都可以从标准样式图中找到。如果建筑师参照了标准样式图，在图旁边加个索引就行。但我完全不允许团队里的建筑师这样做。如果有人这样做，我会要求他按照建筑需求重新设计。

不管是对直接负责的工作，还是对间接负责的工作，我都要求团队里的建筑师追求有一定的突破。比如，在建筑的材料、结构体系等方面，最好不要选用常规做法，而要尽量做到有一定的创新，比如自己设计结构体系并进行定制。

另外，我还要求建筑师讲究设计的精度，要对建筑的最终效果进行精准控制。所以，我们团队的建筑师都是使用完成面控制法[1]做设计的。

同时，我还讲究务实，对成本、建造的考虑都比较清晰。所以，我会在工作中评估建筑师做的设计的可实现性，而不是让他们做一些看起来酷炫，却完全没法实现的空中楼阁式的设计。比如，玻璃的宽度达到 2.4 米就已经是工厂生产的极限了，而且玻璃太大了没法运输，所以在设计玻璃幕墙时，就得把这点考虑进来，否则成本会成倍上涨。如果我们团队的建筑师画了一面非常大的玻璃，只顾设计好看，却对玻璃的大小没有尺度感，也没有考虑建造、安全、运输等因素，我就会把问题提出来，告诉他这一看就是没法实现的设计，让他回去自己思考、调整，最后大家坐在一起研究有没有好的解决办法。

这是我对团队在工作上的要求。相应地，我们团队也有了独特、鲜明的特征——我们做的建筑项目大多都呈现出技术美学，讲究建筑细节的精细控制。

---

1. 参见"施工图设计：确保每一步都精准指导施工"一节。

能获得这样的结果，除了我个人工作习惯、要求和性格的原因，也有我们向世界其他一流建筑师团队取经的原因。比如，扎哈·哈迪德的团队以她讲究流动的非线性曲线和大胆的建筑特征为主，甚至在她离世后，团队还延续着这一特征；弗兰克·盖里的团队以他奇特、不规则曲线和雕塑般富有张力的建筑特征为主；安藤忠雄的团队则以他宁静、简约、严格遵循几何构图的建筑特征为主。

当然，世界上不乏只按常规思路做设计、没有特定追求的团队，但建筑行业是一个讲究个性化、独创性以及建筑品质的行业，所以这样的团队可能难以在建筑市场上获得持久的竞争力，也很难长久运营下去。

▎角色冲突：引入能弥补你短板的人

· 刘晓光

无论是自己开工作室，还是在大的平台工作，发展到一定程度后，建筑师都会面临管理角色和设计角色冲突的情况。而想完全不做管理，只做设计，几乎是不可能的。毕竟，总有人要负责团队的运转，要去管"吃饭赚钱"的事。而更现实的问题是，对一个普通人而言，如果既要做设计，又要做管理,要么会导致两种角色都做不好,要么虽然能取得平衡,但两种角色表现得都不突出。而且,对更倾向于做设计的建筑师而言,如果大量时间都用来做管理工作,其实内心会非常痛苦和矛盾。那么,我们具体应该怎样应对这种角色冲突呢?

从我自己来说,我认为自己并不是一个在财务方面特别缜密、有条理的人,而且我对财务也没有什么兴趣,更希望把时间投入到设计上,所以特别倚重项目经理。建筑设计行业的项目经理一般都是有经验的建筑师出身,他们不仅管理能力出色,还十分了解建筑师的工作内容。如果你面临着跟我一样的难题,那么,我建议你在团队中搭配能弥补你短板,并且能在管理上有所作为的人。不过,这并不意味着你可以什么都不管了。虽然不用亲自去做,但你必须了解项目经理的工作内容是什么,并且能在关键时刻做出决策。

还是以我自己为例。我们团队的项目经理对外要负责把控项目的进展、与业主的沟通、与外部协作的顾问公司以及管理部门的沟通,对内则要负责管理项目进度,以及与公司财务部门、法务部门的日常沟通,同时也要介入设计工作,对各种问题有第一手的理解,等等。对一些大的事项或节点,比如一个项目做还是不做、项目总的设计费用是多少、大的项目周期的确定等,项目经理会提出建议,由我来做决定。

进入项目后，大多数具体的问题都由项目经理来把控，只有当大家遇到关键性问题时，我才会介入解决。

当然，难免会遇到项目经理和设计团队产生摩擦的情况。比如，设计团队的进度落后于计划，或工作安排超出相应人员的能力。但是，这种日常性矛盾通常都能在团队内部解决，毕竟两者天生站在同一立场，与建筑师和施工方之间的矛盾性质不同。

因为项目经理分担了大量的管理工作，所以我可以较少承受两种角色带来的冲突，将主要时间投入到带领团队做设计上，而这也保证了团队的高质量运转。

┃新人培养：在能控制的地方放手

· 刘晓光

每个行业的管理者都明白，想培养新人、让新人成长，就得放手让新人试错。但在不同的行业，试错的成本是不一样的。如果是在出版行业，管理者放手让新编辑试错，顶多是需要对新编辑负责的书稿检查得更细致一点，不会影响图书出版时的整体质量；如果是在保险行业，管理者放手让刚入行的保险代理人试错，顶多是新人得多花点时间跑业务，签单率低一点，不会影响被保险人的利益。可以说，这些行业的试错成本都是内置的，可以由新人自己或者管理者和公司自行承担。但在建筑行业，一旦放手让新人试错，试错的成本就会在房子盖好后外置到业主身上。面对既需要放手让新人成长，又需要对业主负责的管理难题，该怎么办？我自己总结的经验是，在能控制的时间和能控制的地方放手。换句话说，在有把握纠错的范围内给新人成长空间。

建筑师自己能控制的时间，通常是前期的概念方案设计阶段，因为这一阶段的工作比较有弹性，对建设工程较少产生直接影响。比如，概念方案设计阶段还处于探讨项目可能性的阶段，一般大家会讨论项目的大楼是分为两栋还是三栋合适，房子要设计成围合式还是开放式，房子的高度是多少，房子的朝向怎样，等等。这时的工作不涉及房子的结构、保温、防水等技术性问题，可以对新人完全放手，不干涉他们的想法，让他们充分表达自己的创意，也让他们有机会了解其他有经验的建筑师的构思。在概念方案设计的方案效果呈现上，我也会对新人放手。比如，概念方案设计所涉及的项目区位图、场地环境、交通组织、绿化景观等，通常都是由新人来画的。虽然表达内容经我审定，但表现形式和最后呈现的效果，都是由新人负责的。

建筑师能自己控制的地方，通常是形式和效果的比较，以及局部的、较少技术性、不会实质性地影响建筑功能的地方。自然，越到后期，这个空间就越小。

深化方案设计和初步设计阶段的工作已经关系到实际使用和建筑性能了，建筑师的职责就变得重大起来。我通常的做法是，把新人嵌入到团队中。比如，一层楼的设计由一名有经验的建筑师做整体把控，新人只做这层楼的局部设计工作，比如设计这层楼的一个卫生间或者其中一些房间。这样做的好处是，即便新人不可避免地出了一些细节上的问题，比如墙面没对齐、门的位置有一些偏差等，也会及时被主控建筑师发现，进而得到调整。同时，重要的动线和主要空间，以及技术性较强的部分，仍然由主控建筑师主导设计。这样做，可以让新人参与设计获得成长，同时项目的品质和业主的权益也能得到保证。

员工激励：给员工更多信任和参与机会

· 刘晓光

在激励员工时，大多数管理者都倾向于采用升职加薪或者股权奖励等外部激励方式，很少有管理者会把工作本身当作激励。在很多人的认知里，更多的工作可能意味着更大的压力，而不是动力。但建筑师行业并不是这样。

要知道，大多数建筑师都是因为喜欢才选择这个职业的。外部的、物质上的激励对建筑师固然有一定的作用，但更大的激励是让建筑师亲眼看到自己的设计得以实现，看到自己设计的房子改变了多少物理环境，影响了多少人的生活。在日常工作中，建筑师更在乎的是有没有机会参与有意思、有意义的项目，自己在项目中的参与程度如何，自己能负责这个项目的多少内容，以及从中能收获什么。

以我们公司一名年轻同事为例。工作第一年时，她没有工作经验，只能在一个大型项目中做一些辅助性的设计工作，比如画景观图。工作第二年时，她就可以负责其中一小块地的设计了。到了第三年，她开始负责其中小型空间的设计。她设计空间时画的天窗，因为施工技术问题而出现了一定的偏差，其实这并不是她的责任，但她特别认真地天天琢磨问题出在哪里，哪里可以优化，怎么通过和施工方的协调加以改进、让自己的设计完全得以合理实现。在这个过程中，激励她的是她在项目中的参与程度越来越深，她负责的内容越来越多，她的设计实现程度越来越高。成长较快的建筑师大多都有这种内在动力。

所以，可以说，建筑师这份工作带来的成就感本身就是最大的激励。作为建筑师的管理者，你能做的就是根据建筑师的能力给予他们更多信任，让他们有更多机会把自己在图纸上的设计呈现到物理世界中。

看到这里，你已经预演完了一名建筑师的职业发展之路。你看到了建筑师在新手期的成长，在进阶期要解决的各种难题，在高手期面临的更高也更综合的挑战，以及对优秀建筑的追求。恭喜你，你已经收获了建筑师的职业智慧！接下来的内容你可以轻松阅读，因为它不再是具体的工作挑战，而是会让你受益良多的大神理念。

CHAPTER 5

第五章
行业大神

现在，我们来到了本书的第五章。这一章主要为你介绍几位行业大神。

说起建筑设计领域的大神，仿佛就是在回溯整个人类文明史，因为建筑设计的每一次变革，背后都是时代的变革。比如，与菲利波·布鲁内莱斯基建成圣母百花大教堂穹顶这一建筑奇迹相伴的，是文艺复兴思潮的出现；而由弗兰克·赖特、瓦尔特·格罗皮乌斯、勒·柯布西耶、路德维希·密斯·凡·德·罗奠定的现代主义建筑，则是对工业时代人们生活的巨大变化的回应。

不过，在这个部分，我们并不是要向你逐一展示各位大神的光辉，为大神立传，而是希望让你通过这些介绍收获切实的启发。所以，我们选取了四位影响过本书受访建筑师的现当代建筑大师——贝聿铭（华人建筑师的骄傲）、巴克敏斯特·富勒（可持续性的先行者）、妹岛和世（打破建筑中人们的关系方式）、罗伯特·文丘里（后现代主义建筑思潮的旗手）。

我们相信，曾经点亮受访者的精神世界，为他们的职业生涯带来启迪的观念和工作方式，也能在某个瞬间为你带来启发。

贝聿铭：精确严谨到极致的业界典范

· 邵韦平

我在同济大学上学时，贝聿铭去学校做过影响很大的学术讲座。当时，我们把他当成一位需要仰望的偶像，对他建筑思想的理解是片面和概念化的。后来，随着自己职业实践的不断深入，我对他的建筑手法逐渐有了更深刻的认知。我对他的理解，不再仅仅停留在他是一位华人建筑师，或者他多有名气上，而是来到了他的建筑呈现出来的新技术手段和策略上。贝聿铭的设计讲究建筑材料工整、对缝，这种方法在建筑行业里被称为"模数控制"。在他设计的建筑中，所有看得见的材料都符合这种规律。就拿建筑外立面的贴砖来说，你平时看到的很多建筑，砖与砖之间的缝隙间距都是不均匀的，看着比较混乱。但是，贝聿铭做设计时，会用两条水平线表示砖与砖之间的缝隙，这样工人贴砖时就会受到这两条水平线的控制，不会随意贴砖，从而能保证砖与砖之间缝隙间距的工整、匀称。

贝聿铭对建筑外观材料的选择也十分讲究和慎重。他设计的大多数建筑，使用的外观材料都是一种意大利洞石。这种洞石是他按照自己的需求，亲自去意大利的矿山上选的。这种洞石呈米黄色，带有一定的表面纹理，气质非常沉着优雅，但它也有一定的缺点，那就是比较软，不能做得很薄，否则就容易碎，对安装工艺的要求很高。很多建筑师可能会觉得用这种材料太麻烦，一般不愿意冒险使用。但贝聿铭经过长期研究，深入了解了这种材料的特征，让工厂把它处理得很厚，一来可以呈现出这种洞石的美感，二来可以让这种洞石被安全地使用。

在这款洞石的安装上，他也考虑得特别周到。比如建筑拐角的地方，一般建筑师都是将两片片状的石材做成一个八字拼缝，然后再对接起来。但这种做法太普通，缺乏独特性。贝聿铭是怎么做的呢？他设计的所有建筑的转角都是用一整块原料石材立体加工出来的，所以不存在任何缝隙拼接问题。这种做法特别讲究，能使建筑呈现出一种整体的美感。也正是因为这种高度精准、严谨的做法，贝聿铭的建筑才会格外与众不同。

巴克敏斯特·富勒：用最少的材料提供最大的创造力

　　大概每个人都曾渴望能拥有一所像电影《飞屋环游记》中那样的，可以在空中飞行、带着居住者环游世界的房屋。而早在 20 世纪 20 年代，巴克敏斯特·富勒就设计出了这样的房子。那是一所六边形的房子，制作材料是铝和玻璃。房子顶部有一个可以被飞艇钩住的吊索，飞艇起飞时，就可以把房子钩起来，带着房子一起在空中飞行。居住者也不必担心清洁、用电等问题，因为房子本身可以利用太阳能发电，并自动吸尘、调节空气流动。

　　在富勒眼中，在空中飞行并不只是一个浪漫的幻想。他认为，人类并没有真正意识到，地球本身就是一艘时速达 10 万千米、在宇宙中飞行的太空飞船，而所有人类都是这艘飞船上的宇航员。如果希望这艘太空飞船持续飞行下去，就要用最少的材料创造出最大的价值，减少地球资源的浪费。对此，富勒认为，我们的资源、我们对资源的利用方式以及我们现有的设计，只能照顾 44% 的人，剩下 56% 的人都要经受贫困和疾病的折磨。所以，设计必须进行一场革命，我们要改变运用资源的方式，用最少的材料提供最大的创造力。

根据自己观察到的由六边形和五边形组成的球形曲面结构，富勒创造出了网球格顶结构。在建筑界，评价建筑结构的优劣有一项指标——这个结构的覆盖面积达到 1 平方米时，结构重量是多少。当时一般结构的重量都在 2500 千克，但网球格顶结构的重量只有 4 千克，只有传统结构的1/625。用料少、重量轻、建造效率高，网球格顶结构因此被称为"宇宙中最有效率的造型"。后来，该结构被运用在美国空军北极雷达站的穹顶和卡特里娜飓风后建设的灾民帐篷中。

之后，富勒又将网球格顶结构与张拉整体式结构[1]相结合，设计出了悬吊穹顶结构。悬吊穹顶结构是层层向上并在中间交织而形成的半球状穹顶形态结构。受这一结构启发，建筑师 M.莱维设计出了三角形网格穹顶结构，并成功将其运用于亚特兰大奥运会的主体育馆中。要知道，该体育馆穹顶每平方米的用钢量只有 30 千克。

在 1967 年加拿大蒙特利尔世界博览会上，富勒利用自己

---

1. 富勒认为宇宙的运行是按照张拉一致性原理进行的，即万有引力是一个平衡的张力网，而各个星球是这个网中的一个个孤立的点。张拉整体式结构就是根据这一原理设计的，其特点是用尽量少的钢材建造超大跨度建筑。

发明的结构，把美国馆设计成了一个直径 76 米、由金属网状结构组合而成的水晶球体，美国馆的主建筑就包含在水晶球中。人们将这次美国馆的设计称为"富勒球"，由此引发了全世界球形建筑的设计风潮。最令人惊叹的是，在这次世界博览会结束 18 年后，三名化学家从富勒的网球格顶结构中受到启发，发现了 C60 结构，并因此获得了 1996 年的诺贝尔化学奖。这种新结构就被命名为"富勒烯"。

1983 年 7 月 1 日，富勒去世。在他的墓碑上，刻着他对自己的定义——"叫我配平片"（CALL ME TRIMTAB）。他曾在一次采访中提到"配平片"，这是一种帮助稳定大型船只或飞机的小型控制部件，用极为微小的力量就可以改变主体的方向。

参考资料：

〔美〕巴克敏斯特·富勒：《设计革命：地球号太空船操作手册》，陈霜译，华中科技大学出版社 2017 年版。

iStructure：《结构大师系列——富勒》。

理想国 imaginist：《他拥有 47 个荣誉学位和 28 项专利发明，他是世界眼里古怪的边缘人》。

妹岛和世：设计都是源自"公园"这个概念

提到公园，大部分人都很熟悉。跑步、约会、露营时，人们也常常去公园。可能就是因为公园过于日常，人们很少会把它和建筑设计挂钩。但 2010 年第 32 届普利兹克建筑奖获得者之一妹岛和世的建筑设计理念，正是源自"公园"这个概念。在她眼中，公园囊括了人与人大部分的交流活动，是人们交流的场所，而她设计建筑的出发点正是促进人与人的交流和相会。

提到学习中心，大多数人想到的都是用墙和门分隔出来的一个个大小不一的房间和区域，其中有的是多功能厅，有的是教室。但妹岛和世设计的瑞士洛桑劳力士学习中心项目，就打破了这个常规：整个 2 万平方米的空间，没有墙壁，也没有门，而是利用山丘的起伏和 13 个大小不一的室外庭院对空间进行区分。之所以这么设计，是因为她觉得用封闭的墙壁区分房间，人们就无法看到其他房间的活动，自然也就无法对其他房间的人和活动产生兴趣。而利用起伏的山丘、庭院进行区分，人就像逛公园一样，爬上山丘，看到山丘另一侧有下围棋的活动，就可以过去围观；看到远处读书角有人在读自己感兴趣的书，就可以参与进去一起讨论；也可以沿着建筑里的一座座山丘，在庭院中随机散步，与其他人偶遇。

在日本金泽21世纪美术馆的设计中，妹岛和世把美术馆设计成一个巨大的圆盘。这里没有设计像大多数美术馆一样正式的正门，而是把建筑所有立面都当作正门使用。因为这样，美术馆就可以像公园一样，让来自四面八方的参观者可以从不同方向进入馆内。妹岛和世把美术馆的墙壁设计成玻璃外壁，因为她希望参观者在馆内也可以感受到室外的阳光和风景。即便是美术馆内展览室的隔断，她采用的也是透明的塑料板，以便让参观者在观看展览时能更近距离地接触艺术、了解艺术。

在妹岛和世眼中，人与人的交流与相会，既是在一个空间内共享一段属于彼此的时光，也是在彼此的时光中品味自己的时光，所以她的建筑设计既讲究开放性，讲究丰富的人与人的交流，又讲究个人独处的体验。在她设计的梅林之家中，她用薄铁板对70平方米、5个人居住的住宅进行了空间分割，制作出20个大小不一的房间。没有一个房间被规定为卧室或者客厅，每个人都可以根据需求选择自己想住的房间。

在薄铁板墙壁上，她设计了大小不一的窗户，有的窗户安装了玻璃，有的则作为彼此交流的通道，或者作为彼此串门的房门。这样一来，一家人既可以紧密联系，又可以各自保持独立。

在再春馆制药女子宿舍项目中，为了能让80名女员工舒适地共同生活，妹岛和世设计了一个半室外的、让风和光可以进入的明亮大空间。这样，大家可以聚在一起交流，想要独处的人也可以独自坐在一个地方吹风。妹岛和世认为，独处时感受到的风，和其他时间感受到的一定有所不同。

参考资料：

景观中国网：《妹岛和世：在同济大学演讲》。

堺塾：《妹岛和世致大学生们的一段话》。

罗伯特·文丘里：反动、叛逆，打破原有秩序

·刘晓光

一名建筑师在成长过程中，总会从前辈大师身上得到一些重要的启示。对我来说，罗伯特·文丘里就是其中一位。文丘里被称作"后现代主义建筑旗手"，他以自己的理论和实践，推动了对古典主义建筑以及现代主义建筑原则和教条的反叛。

在建筑的形式和功能的一致性上，古典主义建筑和现代主义建筑并没有本质性区别，建筑有什么功能和用途，就对应什么形式。比如，古典主义建筑时期的宫殿，用严整对称的建筑形式传达权力和等级秩序；而工业时代的现代主义建筑，强调效率、功能、简洁、开放和流动。在文丘里看来，这两种建筑背后都是权力和资本逻辑，强调的"建筑形式对应功能"的审美教条也是脱离大众的，所以他用自己特有的戏谑而不失批判和深度的方式挑战审美权威。

在其著作《向拉斯维加斯学习》中，他以赌城拉斯维加斯为例阐释了自己的建筑思想。在这座城市中，建筑本身就是广告，外面悬挂的广告牌、霓虹灯、商标、装饰等，与建筑本身的功能没有关系，这些都来自世俗商业和日常生活。他认为这才是建筑设计需要学习的方向。

文丘里的代表作母亲之家[1]可以被看作他设计观念的一个演示模型（见彩插图 12）。从外观样式到内部空间，母亲之家到处都充满似是而非的元素。比如，外面的窗户并不完全对应房屋内部的功能，而是出于装饰和形式的需要；中间的入口看起来居于正中，但实际上门在门洞一侧；屋内撞到天花板上的楼梯没有实际用途，更像是一个空间玩笑。

在母亲之家，文丘里以内与外脱节、形式与功能脱节的方式，同时调侃和挑战了古典主义建筑的轴线对称秩序和现代主义建筑的自由平面原则[2]。房子的正面外观是三角形山墙，看起来有明确的中轴，但左右立面并不对称。建筑里面的房间既不追随外观对称，也不严格根据功能划分，而是随机分布着。

正是因为这样的思想，人们把文丘里看作后现代主义建

---

1. 文丘里为母亲设计的一所住宅。

2. 由勒·柯布西耶于 1926 年提出的新建筑五原则之一，意指平面是可以自由划分的，承重墙可以建在任何地方。

筑思潮的开端,他的代表作《向拉斯维加斯学习》和《建筑的复杂性与矛盾性》也被认为是后现代主义建筑思潮的宣言。不过,文丘里从不承认自己是后现代主义者。在我看来,这或许意味着更深刻的反叛和自省。他除了是一位建筑师,也是一位学者。他看到了现代主义建筑的弊端并予以抨击,但也认识到后现代主义建筑并不代表着现代主义建筑的下一个阶段,它只是在特定语境下对现代主义建筑的一种反动,很难说真正具备严肃和长久的学术价值。但是,他身体力行批判建筑审美权威的行为是严肃认真的,他激励后辈建筑师去主动拷问既有秩序,重新发现建筑的意义。

CHAPTER 6

第六章
行业清单

现在，我们来到了本书最后一章——"行业清单"。

这一章是我们特意为你准备的趁手"工具箱"，包括以下内容：

·行业大事记：为你细数建筑行业里程碑式的事件，让你对这个行业的发展脉络有更多了解。

·行业黑话：带你看看建筑师听到后会会心一笑的"江湖用语"（仅供娱乐）。

·行业奖项：列举行业内公信力较高，也是众多建筑师都在努力争取的奖项，带你了解建筑行业的顶极标准。

·推荐资料：我们和三位受访建筑师一起整理出了这份书单，如果你想从事建筑师这个职业，或者正在从事这一职业，想对建筑师如何精进有进一步的了解，可以去阅读这份书单里提到的书籍。

行业大事记

公元前27年，马尔库斯·维特鲁威·波利奥撰写了《建筑十书》，这是目前世界上保存完整的第一部建筑学著作。在书中，他提出了奠定建筑基础的三要素：坚固、实用、美观。

第一部建筑学著作撰写完成

古罗马建筑的代表作万神庙重建

罗马万神庙兴建于公元前27年，后遭损毁，约118年时重建，是罗马穹顶技术的最高代表。

1103年，李诫主持编写完成《营造法式》，书中总结、记录了中国古建筑的设计、结构、用料经验，指导了当时及后来历朝历代的中国建筑。该书是中国古代最完整的建筑技术书籍。

《营造法式》编写完成

1143年，法国巴黎建成圣丹尼斯大教堂，这是第一座哥特式建筑。该建筑在复杂平面上应用了交叉肋骨尖拱作为穹顶骨架，使用了大面积花窗玻璃，逐渐形成尖形拱门、肋状拱顶的哥特式建筑风格。

第一座哥特式建筑建成

菲利波·布鲁内莱斯基为圣母百花大教堂建造的砖造巨型穹顶，被称为新时代的宣言书，文艺复兴的序幕由此揭开。

文艺复兴序幕的开启

"建筑师"定义提出

1458 年，莱昂·阿尔伯蒂在《论建筑》一书中定义了建筑师的职责："我所称为建筑师的人，从完美的艺术与技巧的角度来说，是通过思考与发明，能够设计，也能够实施的人；是对于（建筑）工作中所有部分都了如指掌的人；是通过对巨大重物的移动，对体量的叠加与联结，能够创造出与人的心灵相贯通的伟大的美的人。"

伊尔·菲拉雷特在 1461—1464 年所写的建筑论文中提出，"建筑学源自人，因此也自人的身体、人的四肢、人体的比例等演化而来"。

人体测量学理论提出

第一个建筑三维鸟瞰图完成

约 1502 年，达·芬奇使用测量度数的圆盘和指南针等工具，绘制出了伊莫拉城的三维鸟瞰图。

1550 年，艺术家乔尔乔·瓦萨里在《著名画家、雕塑家和建筑师生平》中第一次提出"设计的艺术"，指绘画、雕塑、建筑的"艺术构思的执行过程"。

"设计的艺术"概念出现

建筑师训练标准确立

1567 年，菲利贝·洛梅在其著作《建筑学》中，第一次提出建筑师的训练标准、职责和权利。

兴建于 1568 年的罗马耶稣会教堂是第一座巴洛克风格的建筑。巴洛克风格建筑注重色彩、光影与雕塑性。

第一座巴洛克风格建筑建成

古典主义建筑原则提出

1570 年，安德烈亚·帕拉第奥在《建筑四书》中论述了建筑材料、居住建筑、街道、桥梁和古代神庙等，奠基了古典主义建筑原则。此书也是文艺复兴时期最重要的建筑理论著作之一。

1711 年，费尔迪南多·比比恩纳在《民用建筑》中提出"角透视"画图，即以两个透视轴为基础的建筑图画法。

"角透视"画法诞生

洛可可风格出现

起源于 18 世纪上半叶的室内装饰艺术，其建筑特点是把建筑的一切尖角柔美化，把直线曲线化，使建筑整体显得柔美、温馨。

新古典主义又称古典复兴主义，1755 年建筑师雅克·苏夫洛在巴黎兴建的圣吉纳维夫教堂，是新古典主义建筑到来的标志。

新古典主义建筑到来

现代意义的职业化建筑师出现

18 世纪末 19 世纪初，随着资本主义的发展和城市的扩张，向业主提供专业设计服务的职业化建筑师行业逐渐形成。在这个过程中，经济性也第一次成为建筑的重要因素。

1843 年，建筑师亨利·拉布鲁斯特在设计建造巴黎圣吉纳维夫图书馆时，首次把铁运用到了建筑中。

铁首次用到建筑中

建于 1851 年的水晶宫的所有构件几乎都在工厂中成批生产，而后运到现场按次序进行组装，仅用了 4 个月就建造完毕。该建筑彰显了建筑工业化的可能性，推动了建筑的职业化进程。

第一座工业组装建筑出现

第一座采用钢铁骨架的摩天楼出现

1884 年，建筑师威廉·詹尼设计了家庭保险公司大厦，这是最早采用钢铁骨架的摩天楼。

19 世纪末，在欧洲和美国产生并发展出的设计史上的形式主义运动，宣扬将视觉艺术与自然融为一体。其中最具代表性的人物是西班牙艺术家、建筑师安东尼奥·高迪，代表作有古埃尔公园、巴特罗公寓和圣家族大教堂等。

形式主义艺术运动

建筑师路易斯·沙利文在 1890—1895 年间先后设计了密苏里州圣路易斯市的温莱特大厦和纽约州布法罗市的保诚大厦。他强调"形式服从功能"，把底层设置为基础总服务区，二楼设置为商店，以上楼层设置为办公楼。这一设计方式，至今仍在许多地方被使用。

建立摩天楼设计新秩序

20 世纪中叶，因为工业发展，由四大现代建筑师为代表的建筑师，强调建筑应跟随时代发展，强调形式跟随功能等建筑思潮，这股潮流被称为现代主义运动。其中的代表作有流水别墅、朗香教堂等。

现代主义运动兴起

第一所为发展现代设计教育建立的学校诞生

1919 年 4 月 1 日，瓦尔特·格罗乌皮斯在德国魏玛成立了公立包豪斯学校。它的成立标志着现代设计教育的诞生。

中国最早的建筑师事务所成立

1922 年，从日本留学归国的建筑师柳士英、刘敦桢在上海成立了中国最早的建筑事务所——华海建筑师事务所。

1925 年，英国的职业建筑师注册制度公布，1938 年修改完成《英国建筑师注册法》。同期美国也在推行建筑师注册制度，1987 年，伊利诺伊州率先通过《建筑师注册法》，1951 年全美各州完成立法。

建筑师职业化注册制度开启

1930 年 2 月，营造学社在北平（今北京）正式创立，朱启钤任社长，梁思成、刘敦桢分别担任法式部、文献部主任。学社主要进行古代建筑实例的调查、研究和测绘，以及文献资料搜集、整理和研究。

中国营造学社创立

1948 年 6 月 28 日，在瑞士洛桑成立了国际建筑师协会，以国家和地区为会员单位，旨在加强各国建筑师的交流联系、学术思想碰撞，以及支持各国建筑师组织维护建筑师的权利和利益。

国际建筑师协会成立

1953 年，中国建筑学会成立，时为中国建筑工程学会，学会旨在加强国内以及与其他国家的学术交流，培养建筑人才，参与城乡建设规划、设计等。

中国建筑学会成立

20 世纪 60 年代，美国建筑师保罗·索勒瑞率先提出生态建筑的新理念，指在建筑的全生命周期内，最大限度地节约资源、能源，有效地保护环境、减少污染。

生态建筑理念提出

后现代主义兴起

起源于1960年的建筑风格和建筑思潮，其中的代表人物有罗伯特·文丘里，他的著作《建筑的复杂性与矛盾性》《向拉斯维加斯学习》，被称为后现代主义建筑思潮的宣言。

也称为重技派，20世纪70年代产生，突出当代工业技术，崇尚技术所传达的美学价值和建筑品味。代表作品有巴黎蓬皮杜国家艺术与文化中心、香港汇丰银行总部大楼等。

高技派出现

建筑领域的最高奖项设立

1979年，由杰伊·普利兹克和妻子发起，凯悦基金会赞助的普利兹克建筑奖，是建筑领域的最高奖项，被誉为"建筑界的诺贝尔奖"。

20世纪80年代兴起的建筑思潮，主要以非线性的设计过程，对建筑学传统的追求秩序、完整、规则、稳定等提出挑战。其中以弗兰克·盖里、扎哈·哈迪德为代表人物。这一建筑思潮的代表作品有LV基金会艺术馆、跳舞的房子、古根海姆博物馆等。

解构主义兴起

新现代主义兴起

兴起于20世纪末，坚持以现代主义的传统进行设计，但根据建筑新的需要给现代主义加入新的形式。其中的代表人物是贝聿铭、安藤忠雄等。代表作品有卢浮宫玻璃金字塔、香港中国银行大厦等。

1984 年 1 月 5 日，国务院颁布了《城市规划条例》。

中国首部城市规划、建设方面的法规颁布

中国注册建筑师制度实行

1994 年 9 月，建设部、人事部下发《建设部、人事部关于建立注册建筑师制度及有关工作的通知》，决定实行注册建筑师制度，并成立全国注册建筑师管理委员会。

1994 年 10 月 10 日至 13 日，中国首次注册建筑师考试在沈阳建工学院举行。

中国首次注册建筑师考试举行

现代建筑师的职业制度原则明确

1996 年，国际建筑师协会在巴塞罗那会议上，全票通过《国际建协推荐的建筑实践事业制度国际标准的协定》，在其中提出建筑师职业制度原则，包括专业能力、严肃性、承诺、责任。

2004 年 4 月 1 日，原建设部与科技部发布国家科技攻关计划重点项目申报指南，启动了"十五"国家科技重大攻关项目——绿色建筑关键技术研究。

绿色建筑技术研究启动

中国籍建筑师首次获得普利兹克建筑奖

2012 年 2 月 27 日，中国建筑师王澍获得第 34 届普利兹克建筑奖，颁奖典礼于当年的 5 月 25 日在人民大会堂举行。

行业黑话

1. 通宵。= 交图。

2. 下个项目再做吧。= 根本不想做。

3. 正在改。= 忘了有这回事。

4. 甲方需求不太合理。= 这个项目很不好做。

5. 别人家的设计方式不一样。= 我不会做。

6. 图纸没有满足规范。= 还不如我画。

7. 我先回去评估一下技术难度。= 先拖两天。

8. 这个需求不清晰。= 我不想做。

9. 你确定要这么设计？ = 做出来卖不出去，我不负责。

10. 下次肯定不延期了。= 先应付过这次再说。

11. 我的时间排满了。= 我不想做。

12. 我有优先级更高的任务。= 我不想做。

13. 我今晚有事儿。= 加班别找我。

14. 我在画图呢。= 我没时间搭理你。

行业奖项

（一）国际奖项

普利兹克建筑奖

设立于 1979 年，是建筑领域的最高奖项，被誉为"建筑界的诺贝尔奖"。每年评选一次，获奖者被授予 10 万美元奖金、一份证书和一枚铜质奖章。

评奖标准：旨在奖励在建筑设计创作中表现出才智、洞察力和献身精神，以及通过建筑艺术为人类和人工环境做出杰出贡献的建筑师。

英国皇家建筑师学会金奖

设立于 1948 年，由英国皇家建筑师学会理事会推荐金奖候选人，并经国王批准后颁发。每年颁发一次。

评奖标准：旨在评选出在世界上最具影响力和象征意义的建筑。

美国建筑师学会金奖

设立于 1907 年。获得该奖项后，获奖者的名字将会进入美国建筑师名人堂。每年颁发一次，每次只限一人，或共同创造出杰出建筑作品的两位建筑师。

评奖标准：表彰美国建筑师学会董事会认可的、对建筑理论和实践产生持久影响的建筑师。

阿卡汗建筑奖

设立于 1977 年，是目前世界建筑设计领域最具影响力的奖项之一。每三年评选一次，获奖者将会获得 50 万美元奖金。

评奖标准：最初用以奖励那些对伊斯兰建筑做出重大贡献的建筑师和建筑设计，近年来将评选视野扩展到全球，关注那些转变与提升建筑环境质量的作品。

国际建筑师协会金奖

设立于 1984 年，每三年评选一次。获奖者将会获得一枚纯金奖牌。

评奖标准：旨在鼓励对全世界建筑界做出杰出贡献的建筑师或建筑师团体。

高松宫殿下纪念世界文化奖

又名"世界文化奖",设立于 1988 年,奖项分为绘画、雕塑、建筑、音乐、剧场 / 电影五个领域。一年评选一次,获奖者将获得表彰证书、奖牌和 20 万美元奖金。

评奖标准:旨在表彰对促进国际间相互理解,以及为推动文化艺术发展做出重要贡献的、代表世界的艺术家。

(二)国内奖项

全国工程勘察设计大师奖

设立于 1990 年,是中国工程勘察设计行业国家级的最高荣誉奖项。每两年评选一次,每次评选不超过 35 人。

评选标准:在工程勘察设计领域取得卓著成绩,为工程勘察设计行业相关专业学术、技术带头人,在国内外享有较高声誉。

中国建设工程鲁班奖

简称"鲁班奖",设立于 1987 年,是中国建筑行业工程质量的最高荣誉奖。2010 年起,由每年评选一次改为每两年评选一次。

评选标准：主要授予中国境内已经建成并投入使用的各类新（扩）建工程，工程质量应达到中国国内领先水平。

中国土木工程詹天佑奖

设立于1999年，是中国土木工程领域工程建设项目科技创新的最高荣誉奖项。2003年起，由每两年评选一次改为每年评选一次。

评选标准：主要授予在科技创新和科技应用方面成绩显著的优秀土木工程建设项目，获奖项目应充分体现创新性、先进性和权威性。

梁思成建筑奖

设立于2000年。从2016年开始，该奖项在世界范围内开展评选活动，每两年评选一次，每次设获奖者两名，奖金10万元。

评选标准：主要表彰在建筑界取得重大成绩、做出卓越贡献的杰出建筑师、建筑理论家和建筑教育家。

推荐资料

（一）入门

·〔日〕建筑学教育研究会编：《新建筑学初步》，范悦、周博译，中国建筑工业出版社 2009 年版。

推荐理由：系统介绍什么是建筑学、什么是建筑设计，以及如何学习这些内容。让你在高中阶段，就能对未来的学业和职业发展建立合理的预期。

（二）技能基础

·陈新生：《建筑速写技法》，清华大学出版社 2005 年版。

推荐理由：系统讲解了建筑速写的透视、明暗、配图和风格等技法。如果你想在高中阶段打好建筑速写的基础，不妨读读这本书。

·〔美〕诺曼·克罗、〔美〕保罗·拉索：《建筑师与设计师视觉笔记》，吴宇江、刘晓明译，中国建筑工业出版社 1999年版。

推荐理由：讲解了如何使用图像记录生活。和上一本书搭配阅读，你对速写的理解可能会更深。

（三）了解职业

·〔美〕豪·鲍克斯：《像建筑师那样思考》，姜卫平、唐伟译，山东画报出版社 2009 年版。

推荐理由：用十六封信，娓娓道出建筑的真谛、设计的味道和建筑师的魅力。如果想建立对建筑的基本认知，你一定不能错过这本书。

·〔美〕艾伦·拉皮迪斯：《建筑师的生活》，尹志伟译，清华大学出版社 2012 年版。

推荐理由：如果你对建筑师的生活充满好奇与想象，那么这就是专门为你准备的。

（四）学习成长

·袁牧：《建筑第一课：建筑学新生专业入门指南》，中国建筑工业出版社 2011 年版。

推荐理由：系统梳理了建筑学基本的学习方法和路线。

如果你在复杂且丰富的建筑学知识面前感到迷茫，建议你读一读这本书。

·〔日〕东京大学工学部建筑学科、安藤忠雄研究室编：《建筑师的 20 岁》，王静等译，清华大学出版社 2005 年版。

推荐理由：记录了 1998 年安藤忠雄邀请六位首屈一指的建筑师到东京大学，与师生畅谈自己年轻时的求学生涯和从业经历的内容。有 99.9% 的概率，你会被书中的内容感动，受到启发。

（五）建筑史

·〔古罗马〕维特鲁威：《建筑十书》，陈平等译，北京大学出版社 2017 年版。

推荐理由：它被奉为建筑学中的经典，也被称为西方建筑史上最重要的一部著作。

·〔美〕肯尼斯·弗兰姆普敦：《现代建筑：一部批判的历史（第四版）》，张钦楠等译，生活·读书·新知三联书店 2012 年版。

推荐理由：如果想只读一本书就了解现代建筑的来龙去脉，那只能是这本书。

·李允鉌:《华夏意匠:中国古典建筑设计原理分析》,天津大学出版社 2014 年版。

推荐理由:一部关于中国古典建筑的全景式读物。

·〔日〕谷崎润一郎:《阴翳礼赞》,陈德文译,上海译文出版社 2010 年版。

推荐理由:可以更深入地理解日本传统建筑,了解日本当代建筑师作品中的传统元素。

(六)设计思考

·〔法〕勒·柯布西耶:《走向新建筑》,杨至德译,江苏科学技术出版社 2014 年版。

推荐理由:作者在建筑理论方面提出了许多革新和独特的见解,批评了看不到工业发展和建筑发展必然趋势的古典主义学派,对现代建筑的形成和发展产生了很大影响。

·〔美〕罗伯特·文丘里:《建筑的复杂性与矛盾性》,周卜颐译,江苏凤凰科学技术出版社 2017 年版。

推荐理由:所有接受过现代主义建筑教育的人都需要接受的一次观念挑战。

·〔美〕克里斯托弗·亚历山大:《形式综合论》,王蔚等译,华中科技大学出版社 2010 年版。

推荐理由:作者是有数学背景的建筑师,他用数学的逻辑思考设计,像做数学课题一样解读复杂的设计过程。可能很多人觉得设计是感性的,但这本书可以让我们重新认识设计逻辑性的部分。

·梁思成:《清式营造则例》,清华大学出版社 2006 年版。

推荐理由:梁思成最重要的研究成果之一,详细讲解了清代官式建筑的做法,以及各部分构材的名称,为未来的建筑设计提供了思考方向。

（七）建筑美学

·〔英〕彼得·F.史密斯:《美观的动力学:建筑与审美》,邢晓春译,中国建筑工业出版社 2012 年版

推荐理由:对建筑美学的根源进行了分析,直击美的本质,非常值得一读。

·侯幼彬:《中国建筑美学》,中国建筑工业出版社 2009 年版。

推荐理由：从中国古建筑的木构架体系开始，逐步阐释中国建筑中的审美机制、意境等。如果你想对中国建筑形成鉴赏能力和领悟能力，不妨读一读。

·〔日〕芦原义信：《街道的美学（上、下册）》，尹培桐译，江苏凤凰文艺出版社 2017 年版。

推荐理由：小读本，大学问，用最平易近人的方式带你理解城市空间和城市建筑。

（八）设计实践

·〔西〕拉斐尔·莫内欧：《哈佛大学的八堂建筑课》，重庆大学建筑城规学院翻译组译，重庆大学出版社 2021 年版。

推荐理由：理论深度结合实践的范例，建筑师深度解读建筑师的范本。

·〔美〕克里斯·亚伯：《建筑·技术与方法》，项琳斐等译，中国建筑工业出版社 2009 年版。

推荐理由：全书的论述建立在广泛的学科知识和原理之上，揭示了技术变革对我们的生活和未来发展的重要性。

（九）人文修养

· 〔英〕阿兰·德波顿:《幸福的建筑》, 冯涛译, 上海译文出版社 2009 年版。

推荐理由: 从人文视角审视了建筑与幸福的关系、建筑对人幸福感的影响, 让你跳出建筑学专业的视角, 从另一个角度审视建筑。

· 李泽厚:《美的历程》, 生活·读书·新知三联书店2009 年版。

推荐理由: 该书是研究中国美学的经典之作, 被冯友兰称为"一部中国美学和美术史、一部中国文学史、一部中国哲学史、一部中国文化史"。

（十）视野拓展

· 〔法〕克洛德·列维 – 斯特劳斯:《野性的思维》, 李幼蒸译, 中国人民大学出版社 2006 年版。

推荐理由: 作者是一位人类学者, 该书研究了未开化社会中的原始思维。作者在书里提出的"拼装"(bricolage)概念, 是当代建筑设计中非常值得反思的一个概念。

· 〔美〕伯纳德·鲁道夫斯基:《没有建筑师的建筑》, 高军译，天津大学出版社 2011 年版。

推荐理由：该书介绍了世界各地的地域性建筑，你可以看到很多没有经过建筑师设计，却很有特点的建筑，从而打破常规思维。

·〔意〕伊塔洛·卡尔维诺：《看不见的城市》，张密译，译林出版社 2012 年版。

推荐理由：这是一本有关城市的奇特而又充满想象力的寓言小说。虽然书中尽是很不现实的对城市的描述，但我们可以从中了解到城市的魅力——除了我们平时视觉上所能看到的城市，还存在另外一个看不见的城市。

图 1　光之教堂

图片来源：Shutterstock，Sira Anamwong 拍摄

图 2　流水别墅

图片来源：https://commons.wikimedia.org/w/index.php?curid=3171223，
Sxenko 拍摄

图3 卢浮宫玻璃金字塔

图片来源：Shutterstock, Vlad Andrei Nica拍摄

图4 400个盒子共享城市社区项目模型

图片来源：B.L.U.E.建筑设计事务所

图5 杭州里堂项目木材墙

图片来源：B.L.U.E.建筑设计事务所

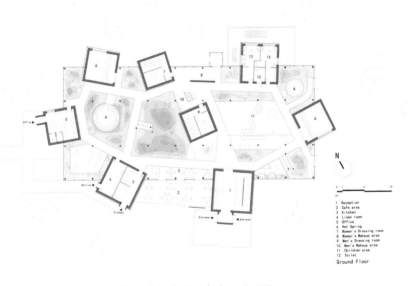

图6 热河森林温泉中心平面图

图片来源：B.L.U.E.建筑设计事务所

图 7 首都机场 T3 航站楼概念图

图片来源：北京市建筑设计研究院有限公司

图 8 凤凰中心

图片来源：凤凰东方（北京）置业有限公司

图9 凤凰中心西中庭

图片来源：傅兴拍摄

图 10 丽泽 SOHO

图片来源：SOHO 中国

图 11 丽泽 SOHO 中庭结构

图片来源：SOHO 中国

图 12 母亲之家

图片来源：https://www.loc.gov/pictures/collection/highsm/item/2011631329/，
Carol Highsmith 拍摄

后记

这不是一套传统意义上的图书,而是一次尝试联合读者、行业高手、审读团一起共创的出版实验。在这套书的策划、出版过程中,我们得到了来自四面八方的支持和帮助,在此特别感谢。

感谢接受"前途丛书"前期调研的读者朋友:安好、陈卓卓、崔朝霞、崔红宇、段欣念、雷刚、李嘉琛、李跃丽、李正雷、刘冰、陆晓梅、马磊、欧阳、谭江波、田礼君、王磊、吴伊澜、席树芹、肖岩、杨柳、杨宁、臧正、张丽娜、朱建锋等。谢谢你们对"前途丛书"的建议,让我们能研发出更满足读者需求的产品。

感谢接受《我能做建筑师吗》改版调研的朋友:曹启元、陈一诺、戴蔚华、杜西鸣、方晓萌、马宇慧、王新宇、韦雨杏、吴凡、周泽渥等。谢谢你们坦诚说出自己对建筑师这一职业的困惑和期待。在你们的帮助下,我们对建筑师的职业痛点有了更深入的了解。

感谢"前途丛书"的审读人：Tian、安夜、柏子仁、陈大锋、陈嘉旭、陈硕、程海洋、程钰舒、咚咚锵、樊强、郭卜兑、郭东奇、韩杨、何祥庆、侯颖、黄茂库、江彪、旷淇元、冷雪峰、李东衡、连瑞龙、刘昆、慕容喆、乔奇、石云升、宋耀杰、田礼君、汪清、徐杨、徐子陵、严童鞋、严雨、杨健、杨连培、尹博、于婷婷、于哲、张仕杰、郑善魁、朱哲明等。由于审读人多达上千位，篇幅所限，不能一一列举，在此致以最诚挚的谢意。谢谢你们认真审读和用心反馈，帮助我们完善了书里的点滴细节，让这套书以更好的姿态上市，展现给广大读者。

感谢得到公司的同事：罗振宇、脱不花、宣明栋、罗小洁、张忱、陆晶靖、冯启娜。谢谢你们在关键时刻提供方向性指引。

感谢接受本书采访的三位行业高手：邵韦平、刘晓光、青山周平。谢谢你们抽出宝贵的时间真诚分享，把自己多年来积累的经验倾囊相授，为这个行业未来的年轻人提供帮助。

最后感谢你，一直读到了这里。

有的人只是做着一份工作，有的人却找到了一生所爱的事业。祝愿读过这套书的你，能成为那个找到事业的人。

这套书是一个不断生长的知识工程，如果你有关于这套书的问题，或者你有其他希望了解的职业，欢迎你提出宝贵建议。欢迎通过邮箱（contribution@luojilab.com）与我们联系。

"前途丛书"编著团队

图书在版编目（CIP）数据

我能做建筑师吗 / 廖偲熙编著；邵韦平，刘晓光，
（日）青山周平口述 .—— 北京：新星出版社，2023.4
ISBN 978-7-5133-5208-6

Ⅰ．①我⋯ Ⅱ．①廖⋯ ②邵⋯ ③刘⋯ ④青⋯ Ⅲ．
①建筑师—普及读物 Ⅳ．① TU-49

中国国家版本馆 CIP 数据核字（2023）第 059928 号

我能做建筑师吗

廖偲熙　编著
邵韦平　刘晓光　〔日〕青山周平　口述

责任编辑：白华召
总 策 划：白丽丽
策划编辑：王青青　师丽媛
营销编辑：陈宵晗　chenxiaohan@luojilab.com
装帧设计：李一航
责任印制：李珊珊

出版发行：新星出版社
出 版 人：马汝军
社　　址：北京市西城区车公庄大街丙 3 号楼　100044
网　　址：www.newstarpress.com
电　　话：010-88310888
传　　真：010-65270449
法律顾问：北京市岳成律师事务所

读者服务：400-0526000　service@luojilab.com
邮购地址：北京市朝阳区温特莱中心 A 座 5 层　100025

印　　刷：北京盛通印刷股份有限公司
开　　本：787mm×1092mm　1/32
印　　张：8.875
字　　数：161 千字
版　　次：2023 年 4 月第一版　2023 年 4 月第一次印刷
书　　号：ISBN 978-7-5133-5208-6
定　　价：49.00 元